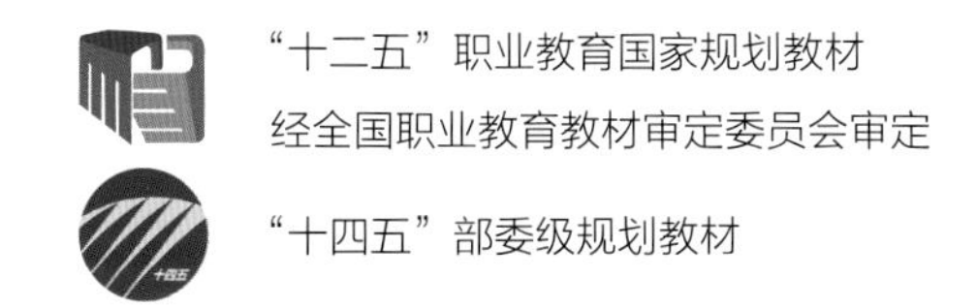

“十二五”职业教育国家规划教材
经全国职业教育教材审定委员会审定
“十四五”部委级规划教材

时尚化妆设计
(第2版)

SHISHANG HUAZHUANG SHEJI

李采姣 / 著

中国纺织出版社有限公司

内 容 提 要

《时尚化妆设计》是“十二五”职业教育国家规划教材，经全国职业教育教材审定委员会审定。本书在《时尚化妆设计》的基础上进行修订编写，除保留原书的结构体例和基本内容外，增加了大量时尚化妆造型设计案例，可满足学生学习时尚化妆的需求及适应学校教学的实际需要。书中对化妆的介绍与阐述，重点突出了系统性、全面性和时尚性。

本书既适用于指导专业的化妆师，也可为喜爱化妆的人士搭台架桥，从中学到有关化妆各方面的技巧和知识。

图书在版编目（CIP）数据

时尚化妆设计 / 李采姣著. --2版. --北京：中国纺织出版社有限公司，2025. 3. --（“十四五”部委级规划教材）. --ISBN 978-7-5229-2428-1

Ⅰ. TS974. 12

中国国家版本馆 CIP 数据核字第 2025E0M036 号

责任编辑：宗　静　刘　苇　　特约编辑：赵佳茜

责任校对：高　涵　　　　　　责任印制：王艳丽

中国纺织出版社有限公司出版发行

地址：北京市朝阳区百子湾东里 A407 号楼　邮政编码：100124

销售电话：010—67004422　传真：010—87155801

http://www.c-textilep.com

中国纺织出版社天猫旗舰店

官方微博 http://weibo.com/2119887771

北京通天印刷有限责任公司印刷　各地新华书店经销

2016 年 10 月第 1 版　2025 年 3 月第 2 版第 1 次印刷

开本：787 × 1092　1/16　印张：9.75

字数：200 千字　定价：68.00 元

序

采姣又完成一本著作——《时尚化妆设计（第2版）》，我记得她曾经出版过一本相关内容的书，于是问她，便聊了起来。

采姣滔滔不绝地讲她教的课和她写的书。语气中带着兴奋，带着激情，既有对学生的爱，又有对所教课程的爱，混合在一起，令我深切感受到一位年轻教师对教学和科研事业的一往情深，对自己钟爱的艺术的矢志不渝。

采姣攻读硕士学位时，还是在1998～2001年。那时她也就二十来岁，有着浓厚广泛的兴趣，自小苦练书法，诵读诗文，既爱服装，又爱国画，总是兴致勃勃的样子。采姣做学问从不怕苦，越是不容易查到的资料，她越要想方设法地查到。毕业后任教，也是不断传来获得成果的消息，采姣在虔诚地做着园丁，她希望看到满园芳香。因此，尽心地做着园丁应做的工作，这已经成为采姣的矢志追求。

采姣教化妆课，从系里课堂延展到系外课堂，学生爱听，更激发了采姣的热情。化妆是服饰的一部分，离不开服饰文化的基础，也离不开服装艺术的配合。同时，化妆又有自己的沿革史，有自己的技术含量。这是一门严肃得容不得半点疏忽的课程，其注重传达美的信息，可以在无形中提高人们的生活质量。在经济崛起的中国，人们追求文化，追求丰富的精神生活，使自己美起来、时尚起来，使全民族都美起来、时尚起来，这是我们服装工作者和服饰文化研究者义不容辞的责任。

采姣在做着这一切，做着有意义的工作。《时尚化妆设计（第2版）》是继她2007年出版的《实用化妆造型》的进一步提升。不断探索，不断前进，这就是我眼中的充满活力的采姣。尤其是得知她丈夫去西藏自治区那曲市比如县任职三年，可以想象她的生活、学习和工作有多么紧张，但她依然不时地有新作问世，我真是从心底感到高兴。此次新修改的《时尚化妆设计（第2版）》与2016年相比，内容更完善、更丰富，对时尚化妆的探索更深入、更前沿。

祝采姣的教学科研之路越走越宽广，越走越灿烂！

华　梅

2016年4月27日完稿，2024年8月重新审定

前言

著名人类服饰文化学专家华梅教授认为：化妆，是人类寻求美化自我的一种手段，不管是“傅粉施朱”，还是“腮不施朱面无粉”，都是按照当时的审美标准予以实施的。因而如何画眉，如何点唇，都有各时代的标准。14世纪，欧洲贵妇化星月妆，以纸箔剪成星星、月亮贴在脸上遮住雀斑；20世纪60年代起又流行雀斑；20世纪80年代末的丑娃娃妆盛极一时，用褐色眉笔在两颊上点几个雀斑，尤显俏丽。20世纪50年代，西方国家流行大红色的唇膏，伊丽莎白·泰勒（Elizabeth Taylor）等大明星用唇膏将双唇画大，以色彩和面积来凸显性感；20世纪末又流行使用浅粉色的唇膏，脸上淡淡的，好像这样才显得现代；有一阵流行灰紫色唇膏，令人看上去像缺氧；有一阵又流行黑色唇膏，涂上后简直就像幽灵……不过，对此无须予以褒贬，这就是化妆体现出来的文化。唐代白居易诗中不也有“乌膏注唇唇似泥，双眉画作八字低”那样怪怪的妆吗？这样才有变化，才有发展，时兴什么，什么就好看，人们愿意跟着时尚走，甚至愿意走在时尚的前面，这就是人的天性。人是爱美的，人在寻求美时也是不安分的，人愿意追求新鲜感，时常变换才能连续不断地给人类带来美的享受。

我很佩服华梅教授对化妆的深刻见地。在人类发展的历史长河中，化妆可以说是一直伴随人类的活动之一。从原始部落的文身、文面、割痕、火烫、涂抹、绘彩到现代社会的激光文身、铁环烫痕、以不锈钢环在人为穿出的肌肤孔洞中穿缀、人体彩绘等，化妆延续的时间至少有几千年了。人们在争相传播如何让自己变得时尚的同时，实际也是在创造性地发展化妆的概念，丰富化妆的含义。广义的化妆是一个泛化的概念，包括一切美化自身的行为。一方面，出于装饰的目的，如古人在面部和身体上涂各种颜色和油彩，表示神的化身，以此驱魔逐邪，并显示自己的地位和存在。另一方面，出于实用的目的，如古埃及人在眼睛周围涂上墨色，使眼睛能避免直射日光的伤害；或者在身体上涂香油，来保护皮肤免受日光和昆虫的侵扰等。狭义的化妆特指运用化妆品和工具，采取合乎规则的步骤和技巧，对人体的面部、五官及其他部位进行渲染、描画和整理，调整原有形色，掩饰本来的缺陷，表现神采奕奕，从而增强立体感和美化视觉感受的行为。故化妆既能表现出人物独有的自然美，亦能改善人物原有的“形”“色”“质”，还能作为一种艺术形式，呈现一场视觉盛宴，表达一种独特感受。需要强调的是，化妆并不是女性专属，更没有性别限制，男性也可根据场合和需要决定是否化妆。民俗学家黄现璠在其所著《唐代社会概略》一书中提到："脂粉黛泽之化妆，中国古代，早已实行。迨及唐朝，人文粲然，宫嫔众多，使六宫粉黛，竞美争妍。所以化妆一项，更趋浓艳。日本平安朝女子之化妆，起源亦由于唐，今分为髻、额黄、眉黛、朱粉、口脂等等。"

一直希望"化妆"这门古老的艺术，能成为人们日常生活中的重要组成部分。普及化妆知识，教会化妆礼仪，任重而道远。

李采姣

2024年9月重新审定

著名人类服饰文化学专家华梅教授认为：化妆，是人类寻求美化自我的一种手段，不管是“傅粉施朱”，还是“腮不施朱面无粉”，都是按照当时的审美标准予以实施的。因而如何画眉，如何点唇，都有各时代的标准。14世纪，欧洲贵妇化星月妆，以纸箔剪成星星、月亮贴在脸上遮住雀斑；20世纪60年代起又流行雀斑；20世纪80年代末的丑娃娃妆盛极一时，用褐色眉笔在两颊上点几个雀斑，尤显俏丽。20世纪50年代，西方国家流行大红色的唇膏，伊丽莎白·泰勒（Elizabeth Taylor）等大明星用唇膏将双唇画大，以色彩和面积来凸显性感；20世纪末又流行使用浅粉色的唇膏，脸上淡淡的，好像这样才显得现代；有一阵流行灰紫色唇膏，令人看上去像缺氧；有一阵又流行黑色唇膏，涂上后简直就像幽灵……不过，对此无须予以褒贬，这就是化妆体现出来的文化。唐代白居易诗中不也有“乌膏注唇唇似泥，双眉画作八字低”那样怪怪的妆吗？这样才有变化，才有发展，时兴什么，什么就好看，人们愿意跟着时尚走，甚至愿意走在时尚的前面，这就是人的天性。人是爱美的，人在寻求美时也是不安分的，人愿意追求新鲜感，时常变换才能连续不断地给人类带来美的享受。

我很佩服华梅教授对化妆的深刻见地。在人类发展的历史长河中，化妆可以说是一直伴随人类的活动之一。从原始部落的文身、文面、割痕、火烫、涂抹、绘彩到现代社会的激光文身、铁环烫痕、以不锈钢环在人为穿出的肌肤孔洞中穿缀、人体彩绘等，化妆延续的时间至少有几千年了。人们在争相传播如何让自己变得时尚的同时，实际也是在创造性地发展化妆的概念，丰富化妆的含义。

一直希望“化妆”这门古老的艺术，能成为人们日常生活中的重要组成部分。普及化妆知识，教会化妆礼仪，任重而道远。

李采姣

2016年4月30日

教学内容及课时安排

章 / 课时	课程性质 / 课时	节	课程内容
第一章 （6 课时）	基础理论 （14 课时）		时尚化妆设计概述
		一	时尚化妆的基本概念
		二	化妆与设计
		三	化妆工具的类别与应用
第二章 （8 课时）			时尚化妆设计基础
		一	化妆品的种类
		二	化妆品特性与皮肤性质
		三	洗脸与卸妆
第三章 （8 课时）	应用实践 （66 课时）		时尚化妆中的脸部技法
		一	局部与整体
		二	修饰与调整
第四章 （10 课时）			时尚化妆中的色彩技法
		一	化妆品的色彩特点
		二	眼部化妆的色彩技法
		三	面颊化妆的色彩技法
		四	唇部化妆的色彩技法
		五	化妆色彩的整体协调性
第五章 （16 课时）			时尚化妆中的造型技法
		一	造型在时尚化妆中的应用
		二	造型组合与时尚化妆
第六章 （32 课时）			时尚化妆的应用
		一	时尚化妆与性格
		二	时尚化妆与年龄
		三	时尚化妆与环境
		四	时尚化妆与服装
		五	时尚化妆与时代

注 各院校可根据自身教学特色和教学计划对课时进行调整。

目录

第一章　时尚化妆设计概述

第一节　时尚化妆的基本概念 / 002

第二节　化妆与设计 / 004

第三节　化妆工具的类别与应用 / 005

本章小结 / 013

思考与练习 / 013

第二章　时尚化妆设计基础

第一节　化妆品的种类 / 016

第二节　化妆品特性与皮肤性质 / 025

第三节　洗脸与卸妆 / 034

本章小结 / 038

思考与练习 / 038

第三章　时尚化妆中的脸部技法

第一节　局部与整体 / 040

第二节　修饰与调整 / 047

本章小结 / 056

思考与练习 / 056

第四章　时尚化妆中的色彩技法

第一节　化妆品的色彩特点 / 058

第二节　眼部化妆的色彩技法 / 059

第三节　面颊化妆的色彩技法 / 062

第四节　唇部化妆的色彩技法 / 064

第五节　化妆色彩的整体协调性 / 067

本章小结 / 069

思考与练习 / 069

第五章　时尚化妆中的造型技法

第一节　造型在时尚化妆中的应用 / 072

第二节　造型组合与时尚化妆 / 084

本章小结 / 091

思考与练习 / 091

第六章　时尚化妆的应用

第一节　时尚化妆与性格 / 094

第二节　时尚化妆与年龄 / 099

第三节　时尚化妆与环境 / 103

第四节　时尚化妆与服装 / 107

第五节　时尚化妆与时代 / 128

本章小结 / 141

思考与练习 / 141

参考文献 / 142

附 录 / 143

后 记 / 145

第一章

Part 1

时尚化妆设计概述

课题名称： 时尚化妆设计概述

课题内容： 1.时尚化妆的基本概念

2.化妆与设计

3.化妆工具的类别与应用

课题时间： 6课时

教学目的： 使学生明确时尚化妆的基本概念，建立化妆与设计的基本关系，并能够识别各类化妆工具，懂得如何保养与应用，为后面的操作打下基础。

教学方式： 图文并茂地阐述时尚化妆的基本概念，让学生初步建立起“化妆是一门古老艺术”的观念；讲授各类化妆工具的特点，并进行步骤示范。

教学要求： 1.树立“时尚化妆与设计密不可分”的观念。

2.熟悉各类化妆工具。

3.掌握每种化妆工具的特点。

4.对化妆工具的应用做到心中有数。

课前准备： 根据需要，购买一套得心应手的化妆工具。

第一节
时尚化妆的基本概念

一直以来，许多人对化妆的认识仅停留在“描眉画眼”阶段，认为化妆就是在脸上涂抹粉底霜等化妆品，再对眼睛、眉毛、嘴唇进行一定的处理就可以了。事实上，化妆可以“差之毫厘，谬以千里”，完全可以颠覆对一个人的最初印象。明星们青睐化妆的魔力就是最好的证明。化妆并不是简单的技术活，其涉及化妆师和化妆模特的方方面面，包括脸型、发型、服装、环境、性格等。尤其是本书在“化妆”前面加上了“时尚”二字，提出“时尚化妆”的概念，就是希望能够打破化妆的界限，加深人们对化妆的深层次认识。有人预言，21世纪是一个不断追求个人形象的时代。处于这个时代的人们，不可避免地要学会化妆、认同化妆（图1-1、图1-2）。或许是几千年来的文化浸染所致，在中国人的传统观念里，比较认同“清水出芙蓉，天然去雕饰”的淡雅之美、朴素之美。把这样的审美观念放到服装和化妆上，“素面朝天”比“淡妆素裹”更容易让人接受，“浓妆艳抹”则招人嗤鼻。但在日韩、欧美等国家和地区，上至70多岁的老太太，下至18岁的少女，大家都非常赞同“化妆”这一做法，感觉不化妆就无法出门。笔者曾经游学日本、韩国、法国、德国、意大利、荷兰、比利时、奥地利、卢森堡、摩纳哥、捷克、匈牙利、列支敦士登、瑞士、挪威、丹麦、瑞典、美国等国家，发现这些国家几乎没有人不化妆，只是水平高低而已（图1-3、图1-4）。在日本的路面电车上，一位20岁左右的女孩上来后，就旁若无人地拿出随身携带的各式化妆品和化妆工具，在自己的脸上进行艺术处理。原本一张长满红斑的脸颊，在她涂完遮瑕膏、粉底液、粉饼之后，整张脸的色调变得统一而协调。等她画好眼影、眼线，涂上睫毛膏、唇彩之后，笔者和她双目对

图1-1

图1-2

图1-3

视的一刹那，不由得发出一声惊叹——经过精心妆扮的她，早已和刚上车时的形象判若两人。

所谓时尚化妆，首先就是要紧跟潮流，运用艺术的手段，缔造出完美的妆容。其次，要根据模特的特点及出席的场合等环境，设计出个性化的妆容。当然，无论是乱花迷眼的艳丽，还是清澈如水的淡雅，各种效果都离不开精心的设计与操作，以及各种得力、到位的工具。所谓“时尚化妆设计”，就是要以“化妆”为鹊桥，串联起“时尚”与“设计”，为“化妆”插上飞翔的翅膀，让其堂而皇之地步入艺术的殿堂。化妆是人人都可以学会的，但要上升到“时尚”和“设计”的领域，则不是一蹴而就的事情，需要提高多方面的能力，如造型、色彩、搭配等（图1-5、图1-6）。

图1-4

图1-5

图1-6

时尚化妆不同于一般意义上的化妆，它随着每年的国际流行风向标变化而变化。而且，时尚化妆具有领衔潮流的意味，如同现在非常流行的“裸妆”。所谓“裸妆”，就是让人感觉不到其化过妆。无痕的粉底、干净的眼线、纤长的睫毛、透明的唇膏，营造的就是若有若无的天然味道。在各色人看来，这就是大行其道的时尚化妆。因此，对于时尚化妆，可建立起一个基本概念：在特定的时期内，为大多数人所追求和热捧的，并且在国际流行T台上占有一席之地的妆容。这样的妆容，具有广泛的受众性、传播性和国际性，适合地球上的每一个角落（图1-7、图1-8）。

图1-7

图1-8

第二节
化妆与设计

或许有人会觉得奇怪：化妆这么简单的事情，用得着设计吗？这不是小题大做吗？恰恰相反，如果在化妆前，不能根据自己的特征作出准确的判断和设计，那么化出来的妆容就会存在“丑化”的风险，甚至可能让人觉得匪夷所思。这样的例子，在当红明星的身上也出现过。本来一张并不漂亮的嘴巴，非得化成“血盆大口”；本来一双眼袋极重的大眼，非得化上红色眼影变身“吸血鬼”，让人看了倒吸一口凉气。鉴于此，无论是生活中的化妆，还是红毯上的时尚，都离不开“设计”二字（图1-9、图1-10）。

图1-9

图1-10

设计是一种将计划、规划、设想通过视觉的形式传达出来的活动。人类通过劳动改造世界、创造文明，创造物质财富和精神财富，而最基础、最主要的创造活动就是造物。设计便是对造物活动进行预先的计划，可以把任何造物活动的计划技术和计划过程理解为设计。引申到化妆上，可以理解为：设计是一种通过造型手段，对人的脸部进行美化和加工的过程。人们通过这样的过程，来达到愉悦自我和他人的目的，展示自己最为光鲜和独特的美感（图1-11、图1-12）。

图1-11

图1-12

化妆和设计是密不可分的。离开了设计，化妆就成为一种简单的劳动；在加上设计成分时，化妆就变成了一门具有创造性的艺术。这样的创造性可以不断地激发一个人的潜能。一名优秀的化妆师必须具备设计的能力。他们必须针对每一个人，作出准确的判断，然后设计最合理的妆容（图1-13）。例如，同样是国字脸型，但由于模特的眉眼有宽窄之分，在设计妆容时，就不可能是一样的。其中涉及眉毛的长度、眼影的色彩、腮红的选择、唇线的定位等，都需要化妆师根据模特国字脸型的特点作出准确的判断，而且要根据特定的场合和地点作出符合模特气质的最优化的妆容设计。事实上，这样的设计就是一个全面考核化妆师素质的过程。

图1-13

第三节
化妆工具的类别与应用

毋庸置疑，化妆是一门艺术，不仅需要具备较强的审美能力和操作技巧，还需要拥有专业的化妆工具。因此，购买质量上乘的化妆工具是从事化妆工作的前提。每一个学习化妆的人都需要拥有得心应手的化妆工具，还要懂得如何保养与应用工具。如此，才能让一张张面孔变得容光焕发（图1-14～图1-16）。

一、化妆工具的种类

深入了解化妆需要的一些基本工具和辅助工具，就能在化妆时做到从容自如、有的放矢，并能根据自身的特殊爱好和化妆需要，适当地增添或削减化妆工具。下面介绍化妆所需

图1-14

图1-15

图1-16

的基本工具。

（一）天然海绵块（图1-17）

天然海绵十分松软，不会磨损皮肤，是涂抹粉底的最佳工具。天然海绵遇水时不会像人造海绵那样过多地吸取液体，可以避免粉底的浪费。

在使用海绵块涂抹粉底之前，先把海绵块彻底浸湿，然后挤出其中水分。微微湿润的海绵块能保持粉底和肌肤接触时的最佳衔接点，有助于打造一张光滑平整、细腻匀称的俏脸。使用后应把海绵块放在毛巾或面巾纸中完全吸出水分。

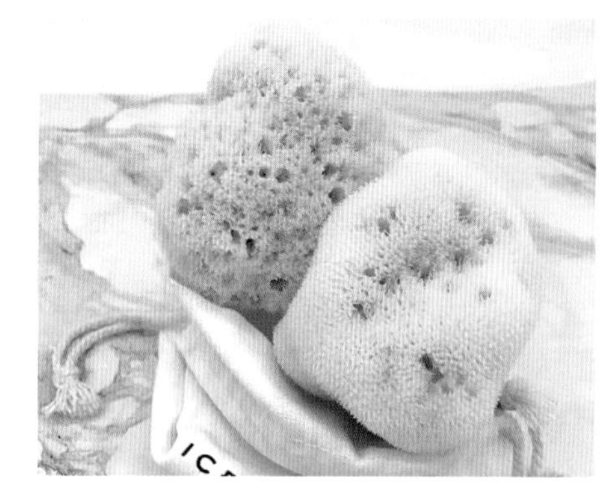

图1-17

（二）楔形海绵（图1-18）

楔形海绵属于乳胶海绵，使用十分方便，用途较广。如结合天然海绵使用，可以抹去粉底液留下的边痕与条纹，也可以用于涂抹粉底霜和融合遮盖霜。乳胶海绵形状、大小各异，但最理想的是楔形。这种三角形外观的海绵用在眼睛睫毛、鼻孔褶皱、鼻翼和嘴角两侧等处皆十分方便。

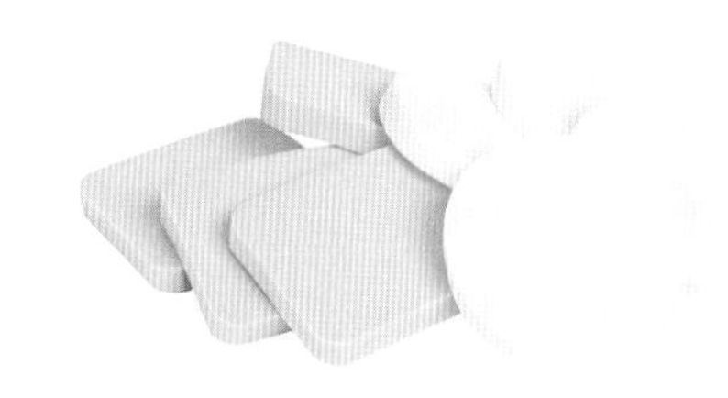

图1-18

有的化妆师喜欢使用半干的海绵，有的化妆师喜欢使用较湿的海绵，也有的化妆师喜欢使用全干的海绵，这主要视个人习惯而定。一周清洗一次海绵以防止海绵凝块或藏污纳垢。一旦海绵开始裂口或变质，应立即更换。

（三）粉扑（图1-19）

利用粉扑蘸取一定的蜜粉或粉饼，然后由脸部中间向两边轻压，这是定妆的重要步骤。定妆工具可选用刷子和粉扑，但是使用刷子或使用粉扑定妆大不一样。使用粉扑轻轻拍打化好的妆容，可以延长化妆的保持时间。此外，粉扑的另一个作用是，套在右手小指上，可以避免弄花、弄脏事先已涂好的粉底，从而能够从容自如地完成自己的创作。质量好的粉扑的接缝是缝在一起的，而不是粘在一起的，清洗时不会开裂。

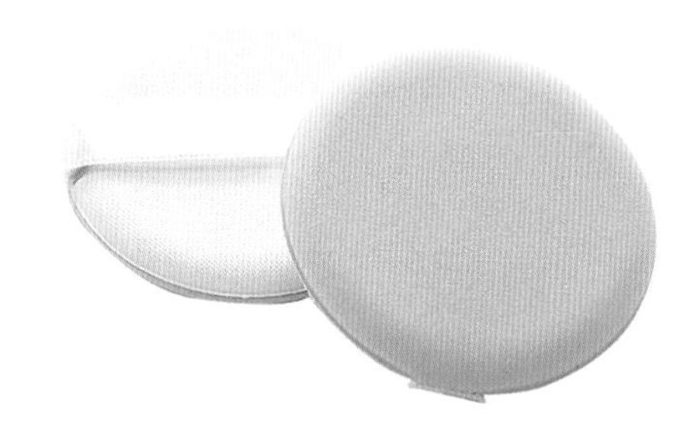

图1-19

（四）睫毛夹（图1-20）

对于没有自然卷曲睫毛的女性来说，睫毛夹的确是一种奇妙的工具。使用时，先让眼睛朝下

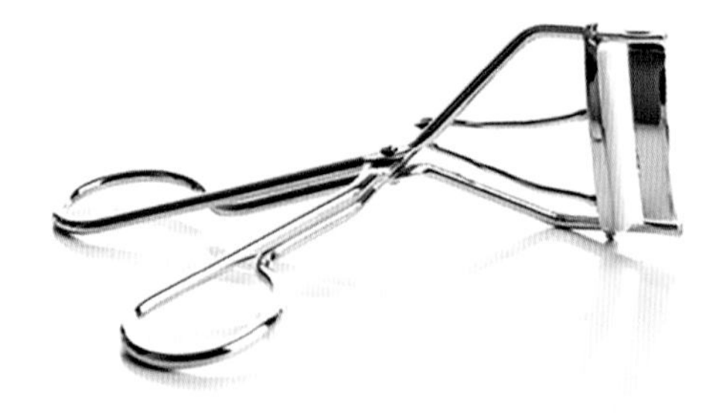

图1-20

看，然后把睫毛夹紧贴着睫毛根部稍往里推，再轻轻地夹住睫毛。可按由里到外的顺序往外夹，直到睫毛卷翘为止。

（五）镊子（图1–21）

镊子是去除多余眉毛，保持眉毛形状的必要工具。虽然镊子随处都可以买到，但是也有必要多花点时间挑选那些交口比较紧的镊子。镊子有平口和斜口之分。最好选用斜口的眉镊子，这种镊子更方便初学者掌握。初学者可以利用镊子斜口的倾斜度来掌握手指和眉毛之间的角度，不至于因使用不当造成对皮肤的伤害，如划破皮肤等。使用镊子拔眉时，一定要顺着眉毛的生长方向进行。

（六）刮眉刀（图1–22）

刮眉刀是剔除多余杂眉的主要工具，有带齿轮和不带齿轮两种。刮眉刀使用起来非常方便，只需轻轻地刮掉杂眉即可。事后用热水轻敷，再在刮过的皮肤上涂些护肤品，对保护皮肤会起到非常好的功效。刮眉刀最好在能正确而熟练地运用眉镊子后再掌握使用，若操作不当，会对皮肤造成伤害。

（七）眉剪（图1–23）

眉剪是修剪眉毛至齐整的重要工具之一。挑选眉剪时，一定要仔细观察剪刀口是否紧密。上端口不能并拢的眉剪一定不要买。剪眉时，双手一定要紧贴肌肤，从眉尾往眉头修剪。记住一个原则：眉头最好保持原样，不要修剪。

（八）卷笔刀（图1–24）

削唇线笔、眼线笔和眉笔的卷笔刀也是必不可少的工具。购买一个多功能的卷笔刀，每次使用完后都应清理干净。

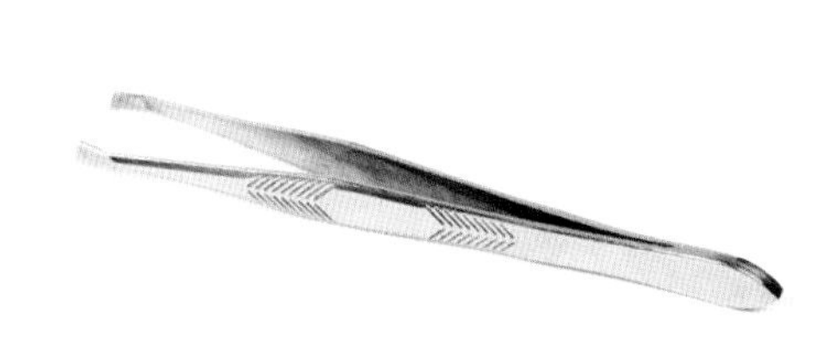

图1–21

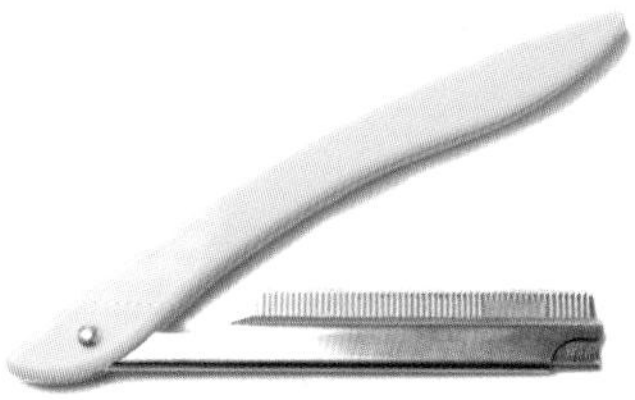

图1–22

图1–23

图1–24

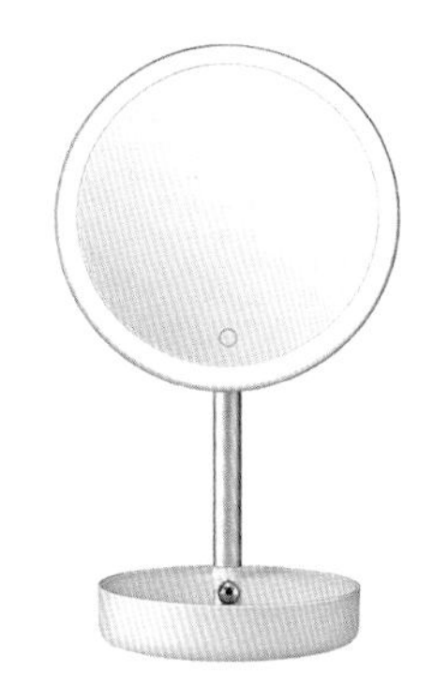

图1-25

（九）化妆镜（图1-25）

化妆镜是在家化妆和出门补妆时不可缺少的物品之一。除此之外，也可用于选购化妆品时对颜色的测试。因为在一般商店里的灯光下测试化妆品，色彩常常会失真。如果带有一面小镜子，则可以把化妆品拿到自然光线下，用镜子仔细察看这种颜色用于自己面部的效果。镜子不可太小，镜面部分至少应有手掌那么大。

（十）棉签和面巾纸（图1-26）

在化妆的全过程中，物美价廉的一次性棉签和面巾纸应该放在手边，便于随时取用。棉签是调和眼部色彩的理想工具，而面巾纸则用于在化妆过程中去除多余的口红及抹去刷子上过多的化妆颜料。

图1-26

（十一）化妆套刷（图1-27）

化妆套刷的好坏会直接影响妆容的成败。在选择化妆套刷时，一定要挑选真毛制成的刷子，切不可购买其他纤维或劣质材料制成的化妆刷子。劣质的化妆刷子不但会损害皮肤，而且用它完成的妆容色彩易浮于脸上，给人以“脏”“腻”“花”的感觉。套刷中的刷子有大有小、有长有短，可根据个人的喜好配置。化妆刷子的数量如8支、10支、12支、16支、24支等均可。

1.粉刷（图1-28）

粉刷应该柔软、平滑、触感好。涂粉时可先使用粉扑，然后用粉刷去掉面部多余的化妆粉，也可直接用粉刷蘸点粉扑在脸上。不过后一种方法容易造成脸上的粉底涂刷不匀。一般而言，把化妆套刷中最大的刷子作为粉刷。

图1-27

2.腮红刷（图1-29）

腮红能够给面部增添自然美、健康红晕的色彩，还可以为颧骨和面部轮廓定型。如果使用的腮红刷过大，会造成面颊涂抹腮红的区域太大，还会造成面部色彩过于扎眼，不能令人赏心悦目。因此，腮红刷的大小应根据脸型的大小来确定。挑选腮红刷的

图1-28　图1-29

时候，要注意刷毛不能是齐头的，而应是中间长、旁边短并呈弧形的刷子。这种刷子可以使面颊上的腮红分布均匀，避免腮红斑驳成块。

3. 轮廓刷（图1-30）

轮廓刷主要是用于使脸部化妆得更加立体、柔和，将脸型修饰得更完美、靓丽。在选择轮廓刷时，刷毛可用齐头的，也可用带有弧度的。在脸上涂抹腮红后，色彩的边线通常会十分明显，因此需要用轮廓刷来淡化腮红边沿。这种刷子不能直接放入腮红颜料盒内，否则，轮廓刷也会沾满颜料。应保持刷子干净，仅在调和面部色彩、弥补脸型缺陷时使用。

4. 圆头眼影刷（图1-31）

涂抹眼影时，应根据需要选择使用某型号的圆头刷子。这种刷子的特点是：刷毛由短到长排列，刷子头部呈圆弧形。由于刷毛长短不一，眼影的粉末能够均匀地涂抹在刷子的斜面上，当刷子接触到皮肤时，颜料不会一下子都涂在一个部位。这种刷子可使眼影分布均匀。

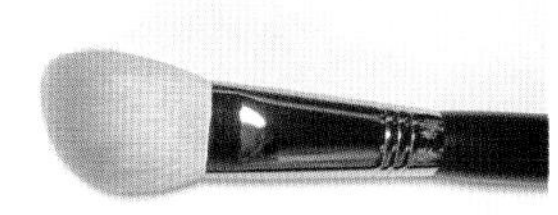

图1-30

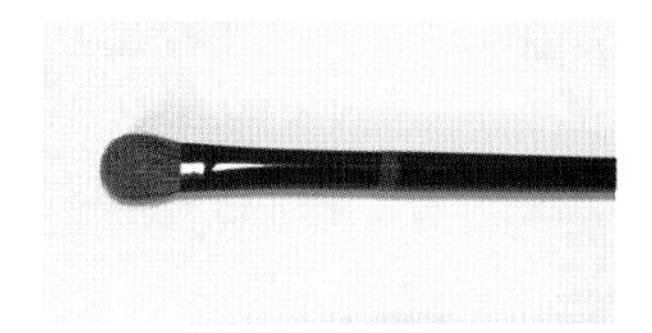

图1-31

不同的色彩应使用不同的刷子。最理想的是拥有四支以上的圆头眼影刷。一支用来涂抹白色作提亮用，一支用来涂抹咖啡色作定位用，一支用来涂抹浅色系眼影，一支用来涂抹深色系眼影。质量最好的刷子应是用仿真貂毛制作的，不仅柔软平滑，也不会对眼部娇弱的皮肤造成损伤。最小的眼影刷应该小而坚固，因为这样才能在紧靠上下睫毛处画出整齐的细线。在用深色眼影替代眼线笔描画眼线时，也可以使用这种眼影刷。

5. 扁平眼影刷（图1-32）

图1-32

扁平眼影刷的作用是把眼影颜料的边沿涂抹均匀，使眼部妆容炯炯有神，其用途与轮廓刷相似。要知道，扁平眼影刷并不是涂抹化妆粉和眼影的得力工具，这是因为这种齐头扁平刷在蘸取颜料时，易造成颜料聚集在刷头上。在接触人的皮肤时，势必造成颜料在皮肤上的分布不均匀，妆面会让人感觉到斑斑驳驳，非常不雅。

扁平眼影刷不应放入眼影盒和腮红盒内，这是由于齐头刷的力量要比圆头刷大，有可能造成压缩包装的化妆品破裂，导致不必要的浪费。

6. 眼线液刷（图1-33）

专门画眼线的眼线液刷是用仿真貂毛制作的，通常是笔根部粗、笔尖细。用这种刷子画出的眼线非常干净、整洁，刷毛也不会分叉。不过这需要一个熟练的过程。只要记住从中间向两边画眼线的规则，经过多次练习，眼线液刷就是最好的描绘漂亮眼线的工具。

图1-33

7. 睫毛梳（图1-34）

睫毛梳是用来将睫毛向上或向外梳理整形的有效工具之一。它能把睫毛膏均匀地梳开，去掉睫毛膏凝块，免得睫毛打结。

8. 眉梳及眉毛染色刷（图1-35）

此工具有两大功能。带齿的眉梳主要是配合眉剪而用的。在用眉剪修理过长的眉毛时，可借助眉梳来配合进行，避免把整条眉毛剪得参差不齐。在运用眉梳向上梳理眉毛的过程中，眉剪就可以把过长的眉毛剪掉，非常方便。眉毛染色刷是用来调整眉色浓淡的，避免眉头画得过黑、过重，产生不协调感；也可用此刷蘸点眉粉，直接刷在眉毛上。

图1-34

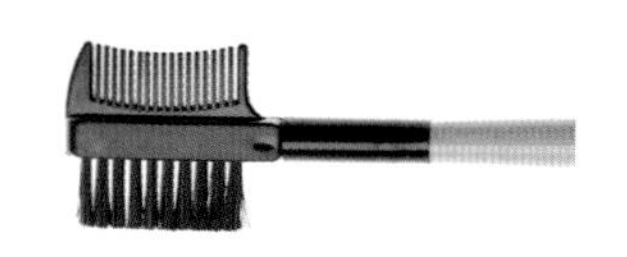
图1-35

9. 斜面眉刷（图1-36）

斜面眉刷在描眉时可以替代眉笔或结合眉笔使用。其不仅能描眉，还可以染眉和修补眉毛。其斜面有助于在原有眉毛的基础上绘制出纤细理顺的眉线。

眉刷有好有坏，材料各异，有用猪毛制作的，也有用仿真貂毛制作的。如果眉毛柔软，可选用貂毛刷；如果眉毛较硬，可选用猪毛刷。

图1-36

10. 唇膏刷（图1-37）

唇膏是一种黏性物质，因此只有较挺实的刷子才能运用自如。其中，用仿真貂毛制作的刷子是最理想的，用其涂抹唇膏的效果会显得非常饱满、立体。有些化妆师喜欢使用很小的唇膏刷来确保画出的唇线干净整齐。尽管如此，只要使用时小心谨慎，普通的刷子也能涂出同样的效果。

图1-37

11. 遮盖霜刷（图1-38）

遮盖霜与唇膏一样都是黏性物质，所以仿真貂毛制作的刷子是最佳选择。遮盖瘢痕时，需要在很小的地方一次涂抹一点遮盖霜，为了不影响周边部位，所以遮盖霜刷的头必须尖细。

图1-38

12. 扇形刷（图1-39）

扇形刷用于清扫脸上残留的多余化妆粉。刷子形状呈扇面，尤其适合去除眼部多余的化妆粉，也可用于清扫鼻翼两侧沟缝里的化妆粉。在涂抹眼影时，尤其要注意灵活运用扇形刷，有助于随时掸掉下落的眼影粉，确保妆容洁净清爽。

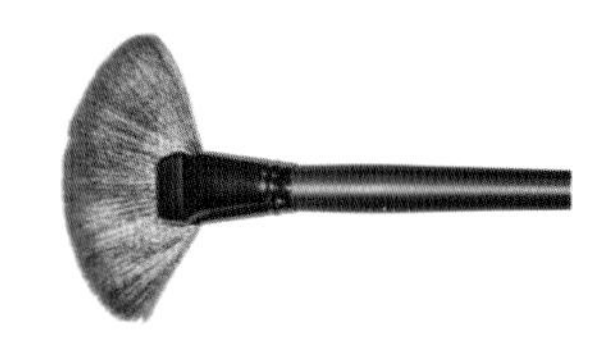
图1-39

二、化妆工具的保养

（一）化妆刷的清洗

化妆刷每月至少应清洗一次。唇膏刷和遮盖霜刷使用后刷毛会变黏，如果不经常清洗，易存灰尘，所以比起粉刷来更应经常清洗。其他刷子也应按时清洗。先把刷子放入温热的肥皂水或洗发香波溶液中，轻柔缓慢地进行清洗，注意不要破坏刷子原来的形状。刷毛中沉积的化妆品在热水的轻压和冲撞下，会很快地溶解。经过反复挤压后，再把刷子放入清水里冲洗干净，确保洗净刷毛上的肥皂水，并挤干刷毛，恢复刷子的原形，最后把刷子放在干毛巾上晾干。

化妆刷也可用一些化学清洁剂进行干洗。过去，由于化学清洁剂含毒性，在家庭中使用有一定的危险性，因此仅在专业化妆店内使用。目前，化学清洁剂的生产厂家已研制出无毒配方，因此，也可以从专业化妆品供货商那里购买化学清洁剂。使用化学清洁剂清洗化妆刷时，只需把刷子放入清洁剂中，即刻取出，除去清洁剂，再用卫生纸把刷子擦干净即可。随着清洁剂的迅速挥发，刷子很快就干了，即使是清除毛刷中沉积的黏性较大的唇膏，也仅需数秒。

（二）化妆箱的定期整理

一般而言，化妆箱是多层组合的，可分为两层、三层、四层等。在具体的划分中，可按化妆品的性质和种类进行归整，如第一层放眉笔、眼线笔、唇线笔等笔类的化妆品，第二层放各式眼影和唇彩，第三层放蜜粉、粉底液、粉底霜等，第四层放化妆时需要粘贴的各类装饰品，如假睫毛、假水晶等。如此一来，整个化妆箱让人一目了然，而不会出现杂乱无章的现象。每次化好妆后，对物品要及时地进行归整或擦拭。要养成定期整理化妆箱的好习惯，这样可避免化妆品的交叉污染（图1-40）。

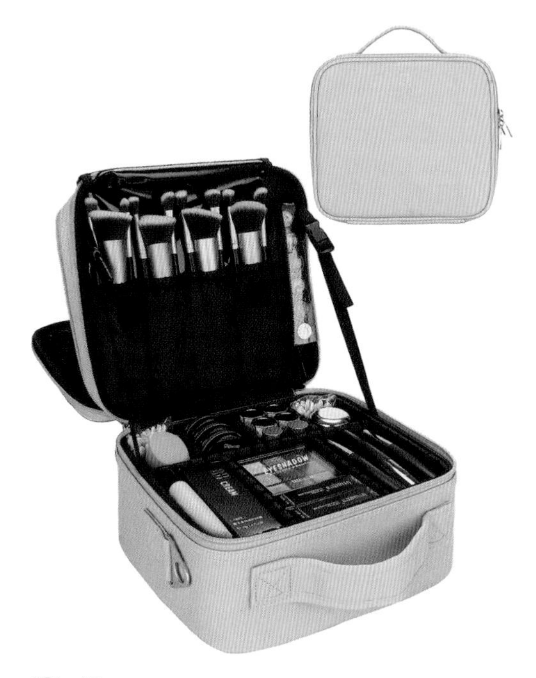

图1-40

三、化妆工具的应用

每一个化妆工具都有它适用的范围，最好不要混用。如粉刷，主要用于刷散粉和粉饼，并去掉面部多余的化妆粉。腮红刷最好能备用两支，一支用来刷无光粉色系，一支用来刷无光橙色系，不要使脸上的腮红出现多种色彩交叉的现象，涂抹在脸上的腮红应该是单纯透明的。眼影刷，若有条件的话，可以多备用几支，四支以上比较理想，一支用于取白色眼影，一支用于取咖啡色眼影，这两支眼影刷一定要保持干净，与其他眼影色不得混用，因为白色眼影用于提亮，而咖啡色眼影用于眼睛的定位，使眼睛富有立体感；其余两支眼影刷，一支用于刷粉红色系，一支用于刷金黄色系。这是在只有四支眼影刷的情况下的划分法，如果有四支以上眼影刷，最好色彩都能细分开。轮廓刷，主要用于修饰轮廓，所以也需要备两支为妥，一支用于刷浅咖啡色，一支用于刷深咖啡色，以营造出富有立体感的脸庞。

使用化妆工具时，还需掌握手腕力量。就像画画一样，要有提按轻重和转折的变化。尤其在画眼线时，一定要一气呵成。否则，画出来的眼线就会缺少神采。打粉底的时候，一定要注意手腕力量的匀称。用粉扑上粉时，要用慢印和轻压的方法，利用手腕轻轻抖动，让蜜粉匀称地分布在脸上，这样完成后的妆容会显得非常自然、清新。

具体应用步骤如下：

第一步，用镊子拔去多余的眉毛，然后用刮眉刀剃干净细软的杂眉，并用眉剪修齐参差不齐的眉毛（图1-41～图1-43）。

第二步，用楔形海绵块或手指蘸少许粉底液或粉底霜涂抹在脸上，以调整肤色，若仍有瑕疵，可用遮盖霜刷蘸些遮盖霜或遮盖液加以掩盖（图1-44）。

第三步，用粉刷扫些蜜粉或粉饼在脸上，用以定妆（图1-45）。

第四步，用扇形刷掸去脸上的余粉，以便营造出一张粉嫩盈盈的俏脸（图1-46）。

第五步，用眉笔细细描眉，或用眉毛染色刷扫眉粉于眉毛上，用以调整眉型（图1-47）。

第六步，用眼影刷扫眼影粉于眼睛的轮廓处，并能根据需要选择眼影的色彩（图1-48、图1-49）。

第七步，用眼线笔或眼线液刷画眼线（图1-50）。

第八步，用睫毛夹夹翘睫毛（图1-51）。

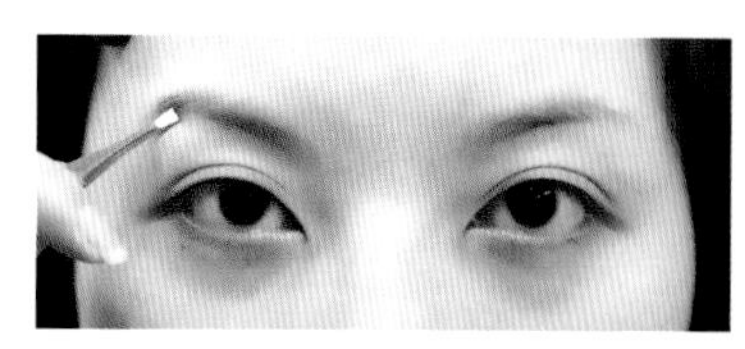
图1-41

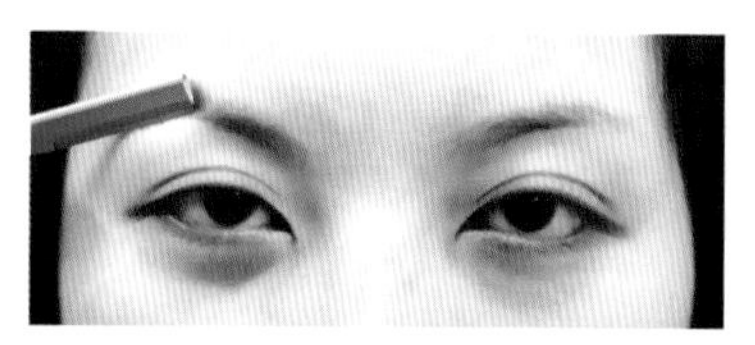
图1-42

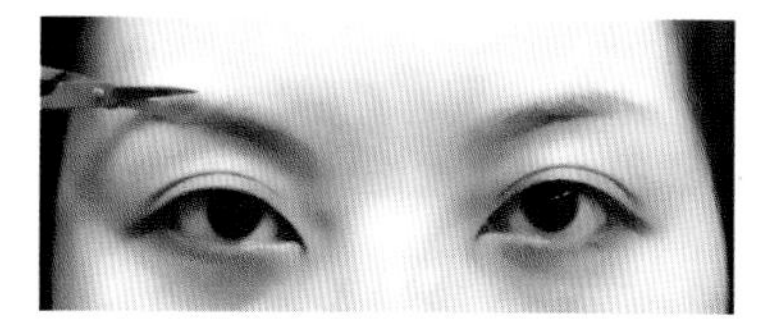
图1-43

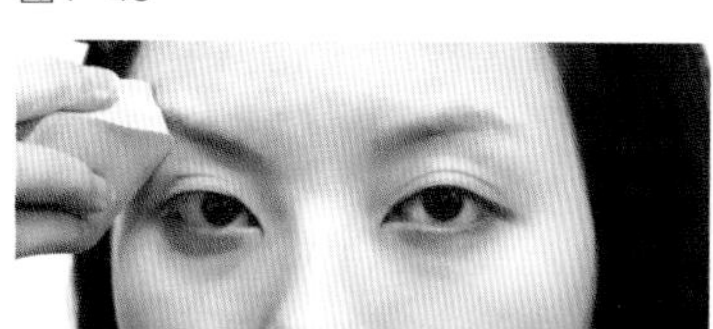
图1-44

图1-45

图1-46

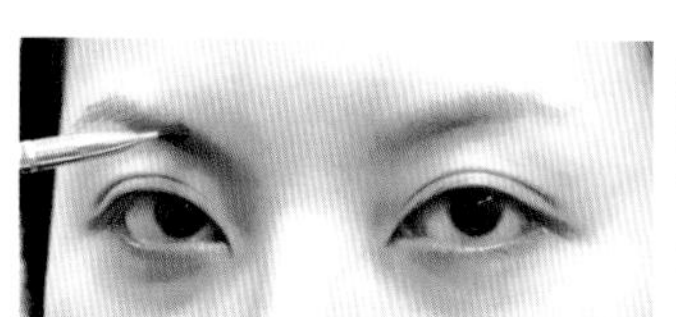
图1-47

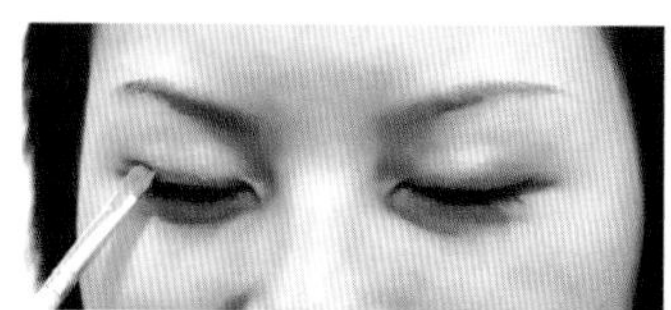
图1-48

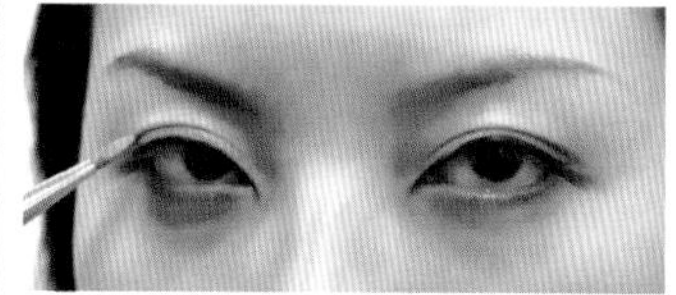
图1-49

第九步，运用睫毛膏加长睫毛的长度（图1-52）。

第十步，用唇膏刷或唇线笔等勾勒嘴唇的形状，并根据需要涂抹唇膏或唇蜜、唇釉等（图1-53）。

第十一步，用腮红刷扫些腮红于脸上相应的部位（图1-54）。

第十二步，用粉扑蘸粉饼最后一次全面定妆，并检查所化妆容是否完整（图1-55）。

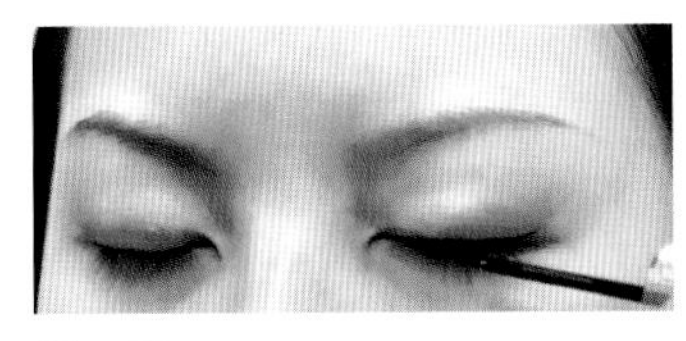

图1-50

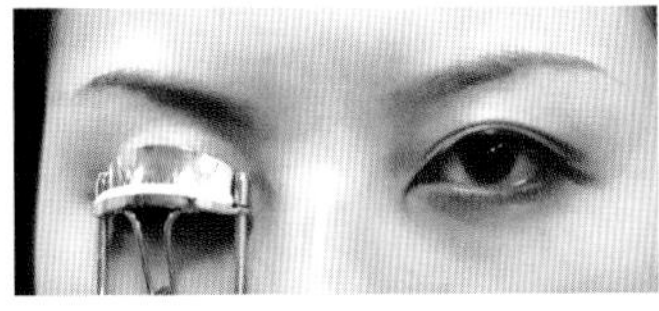

图1-51

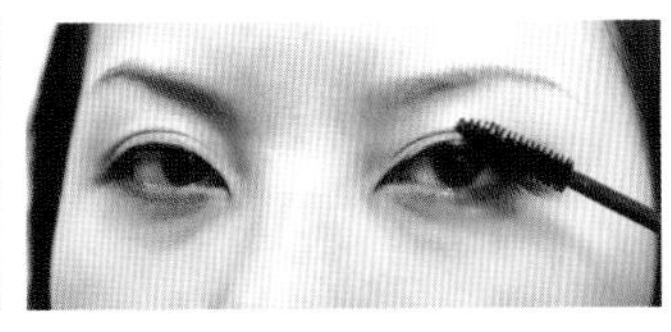

图1-52

图1-53

图1-54

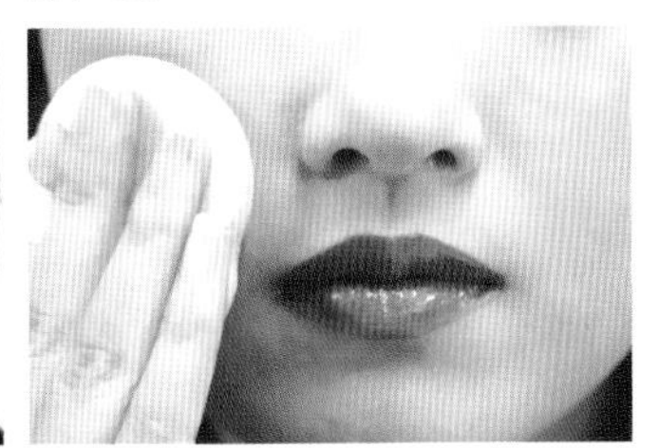

图1-55

本章小结

一、了解时尚化妆的基本概念和特征。

二、对时尚化妆和设计的关系有基本的判断。

三、重点是了解各类化妆工具的特点。

四、难点是化妆工具的应用。

思考与练习

一、复习各类化妆工具的特点和用途。

二、找模特，按步骤完成一个妆容。

第二章

Part2

时尚化妆设计基础

课题名称： 时尚化妆设计基础

课题内容： 1.化妆品的种类

2.化妆品特性与皮肤性质

3.洗脸与卸妆

课题时间： 8课时

教学目的： 使学生能够识别各类化妆品，并懂得如何区分各类皮肤；学会针对不同性质的皮肤运用恰当的化妆品。

教学方式： 讲授各类化妆品的特点，并进行示范比较，使学生明白卸妆这一环节是皮肤保养非常重要的一步。

教学要求： 1.使学生熟悉各类化妆品及特性。

2.掌握各类皮肤的特点。

3.对如何卸妆有一个正确的观念。

课前准备： 根据课堂需要和自身发展目标，购买一些化妆品。

第一节
化妆品的种类

随着科技的不断发展，世界各国研制出的化妆品种类多如牛毛，有润肤的、保湿的、抗皱的、防晒的、美白的、补水的等，还有各式彩妆，让人眼花缭乱。一走近化妆品柜台，促销员就会使出浑身解数，让人信服其产品的专业程度，然后引导顾客购买一大堆产品。但购买化妆品一定要非常理性。品牌不是常换常新就好，要想检验一个品牌的化妆品是否适合自己，至少需要连续使用三个月才能见分晓（图2-1）。

一、粉底

粉底（图2-2）主要用于创造出均匀的皮肤基本色调，使皮肤平滑、貌似无瑕。粉底只能淡淡地在皮肤上涂一层，不能遮盖面部的色素沉着、雀斑、眼睛下方的黑眼圈和其他面部缺陷。若要遮盖上述缺点，需要另外使用各种遮盖霜。

粉底能为后续使用其他化妆品奠定基础。如眼影霜、腮红等，都需要用在粉底上面，而不是直接涂抹在皮肤上。事实上，如果直接把各种颜料用在皮肤上，只能使皮肤上的粗糙之处更加明显，面部的雀斑和瑕疵更加突出。此外，如果不施粉底，其他化妆品也不易涂抹均匀，且妆容不易持久。

使用粉底最重要的是挑选与自己肤色相匹配的颜色。粉底的颜色仅与自己的肤色接近是不够的，必须完全相配，涂抹后应让人不易察觉。要做到这一点，只需在购买时涂一点粉底

图2-1

图2-2

在自己的手背上，然后在自然光线下涂抹均匀，比较两手，看是否出现明显变化。如果没有，说明此类粉底非常适合营造光滑、平整的脸部皮肤。

目前，粉底种类繁多，质地差异很大，有水质、油质和无油质之分。粉底的黏稠度和覆盖性也各有不同。大多数化妆品商店都能提供色彩各异的系列化妆粉底，以适合各色皮肤的需要。购买时一定要花些时间进行测试，每个人都有必要对各个品牌的粉底进行对比。一般来说，粉底主要有三种：粉底液、粉底霜和粉底粉。

（一）粉底液（图2-3）

粉底液通常可以提供轻度或中度的面部涂层，但是涂层的具体厚度要根据粉底液的品牌及黏稠度而定。粉底液可用于面部大范围的打底。假如找不到适合自己的粉底颜色，可以用不同颜色的粉底液进行调配。但要注意，不要混用不同品牌的粉底液，应使用同一厂家生产的同一品牌的粉底液。只有在粉底色与自己的肤色完全吻合时，化妆才能达到最佳的自然效果。

图2-3

干性皮肤应选用油质粉底液，中性皮肤应选用水质粉底液，而油性皮肤应选用那些标明不含油脂的粉底液。

（二）粉底霜（图2-4）

用手触摸粉底霜时会略感干燥，但有些粉底霜含油脂太多、黏稠度较大，适合用于舞台化妆或荧幕形象化妆，建议中年人一般不要使用这样的粉底霜。粉底霜能帮助平衡皮肤色泽和肌理，是准备化妆前必须进行的关键步骤之一。涂上粉底霜这一底色后，能确保妆容的持久和稳定。

图2-4

涂抹粉底霜最好使用化妆海绵。先将少量粉底霜涂在手背上，然后每次用海绵蘸上少许，再从上往下均匀地涂抹整个脸部。特别要注意沿下颌部位涂抹均匀，否则会出现明显的痕迹，脖子上也要稍带涂抹。最好利用化妆海绵上已蘸有的粉底霜进行颈部的修饰和打底。

（三）粉底粉（图2-5）

粉底粉是专门为喜欢化快妆和不喜欢涂抹粉底液或粉底霜的群体研制出来的产品。粉底粉其实是粉底和化妆粉的二合一产品。与其他产品相比，它的优点是：使用其他粉底化妆后，需要用化妆蜜粉或散粉进行定妆，而用粉底粉化妆后，可以免去这一程序。

图2-5

二、遮盖化妆品

使用粉底后，假如还不能使面部皮肤色泽均匀，瑕疵等还是非常明显，则应该使用一些遮盖化妆品。遮盖化妆品可以用于遮盖雀斑、黑眼圈以及面颊处、鼻部和下颌上原有的斑点等。

除此之外，遮盖化妆品还可用于眼睑，它是眼影理想的底色，不但有助于眼影的涂抹和持久不变，而且能防止眼影沉积在眼部的褶皱中。

需要注意的是，遮盖化妆品应比使用的粉底颜色浅一至二度，并且它们的基色应该相同。例如，选用基色为米黄色作为粉底色，那么使用的遮盖化妆品的基色也应该为黄色，而不能选用基色为粉红色的遮盖化妆品；反之亦然。遮盖化妆品主要有三种：遮盖液、遮盖膏和遮盖霜。

图2-6

（一）遮盖液（图2-6）

遮盖液的包装盒里带有一支涂抹笔。涂抹遮盖液时，可采用“五点法”来进行。所谓“五点法”就是用涂抹笔在额头、鼻部、两颊、下颌五个部位点上小米粒大小的遮盖液，然后用第一、第二指节以打圆圈的方法涂抹均匀。遮盖液的好处在于，它不会造成皮肤的划伤。但是如果想遮盖眼睑上的色素沉着，仅凭遮盖液的遮盖厚度是不够的。

图2-7

（二）遮盖膏（图2-7）

遮盖膏一般用于遮盖雀斑。由于其涂抹于脸上易形成一定的厚度，所以在涂抹时一定要注意手腕用力的轻重。最好用遮盖笔在特别的地方加以重点涂抹。值得注意的是，使用遮盖膏时难免会造成对皮肤的损伤，所以不要在眼部等皮肤柔嫩处使用。

图2-8

（三）遮盖霜（图2-8）

瓶装的遮盖霜是化妆师最常用的一种遮盖霜，因为它的黏稠度非常好。遮盖霜拥有遮盖液和遮盖膏所有的优点，同时又摒弃了它们的缺点。使用遮盖霜时，最好能借助楔形海绵块来完成，并且要采用轻压的方法，否则会造成遮盖霜和粉底涂抹不均匀。遮盖霜的黏性大，附着力强，易于调和，用于遮盖那些涂抹粉底后仍然明显的雀斑、黑眼圈和面部红斑。遮盖霜松软柔和，使用舒适，很适合用于眼部皮肤，而不会造成眼部皮肤松弛。

三、化妆粉

中国女性使用化妆粉的历史可追溯到战国时期，甚至更早。古老的化妆粉有两种成分，一种是以米粉研碎制成，故“粉”字从“米”从“分”；另一种是将白铅化成糊状的面脂，俗称“胡粉”。因为它是化铅而成，所以又叫“铅华”，也有称为“铅粉”的。两种粉都用来敷面，使皮肤保持光洁。

关于米粉制作化妆粉的方法，《齐民要术》里有比较详细的记载：最原始的制粉方法，是用一个圆形的粉钵盛以米汁，使其沉淀，制成一种洁白粉腻的“粉英”，然后放在太阳下曝晒，晒干后的粉末即可用来妆面。由于这种制作方法简单，所以在民间广为流传，直到唐宋时期，人们仍然采用这种方法制作化妆粉。

还有一种香粉是用粟米制作的，与米粉制作化妆粉的方法相同，只是最后再加上各种香料，便成为香粉。由于粟米本身含有一定的黏性，所以用它敷面不易脱落。

和米粉相比，铅粉的制作过程复杂得多。从早期的文献资料看，所谓铅粉，实际上包含铅、锡、铝、锌等各种化学元素，最初用于女性妆面的铅粉还没有经过脱水处理，所以多呈糊状。自汉代以后，铅粉多被吸干水分制成粉末或固体形状。由于它质地细腻，色泽润白，并且易于保存，所以深受女性喜爱，久而久之就取代了米粉的地位。

除了单纯的米粉、铅粉以外，古代女性的化妆粉还有不少名堂。如在魏晋南北朝时期，宫人段巧笑以米粉、胡粉掺入葵花子汁，合成“紫粉”；唐代宫中以细粟米制成“迎蝶粉”；在宋代，有以石膏、滑石、蚌粉、蜡脂、壳麝及益母草等材料调和而成的“玉女桃花粉”；在明代，有以白色茉莉花仁提炼而成的“珍珠粉”，以及用玉簪花和胡粉制成玉簪之状的“玉簪粉”；清代有以珍珠加工而成的“珠粉”，以及用滑石等细石研磨而成的“石粉”等。还有以产地出名的，如浙江的“杭州粉”（也称官粉）、荆州的“范阳粉”、河北的“定粉”、桂林的“桂粉”等。粉的颜色也由原来的白色增加为多种颜色，并掺入了各种名贵香料，使其具有更迷人的魅力。半个世纪以来，随着考古工作的深入开展，大批化妆粉实物相继出土，有的盛在精致的钵内，有的装在丝绸的包里。最有特色的是从福建福州出土的南宋化妆粉，被制成特定形状的粉块，有圆形、方形、四边形、八角形和葵瓣形等，上面还压印着凹凸的梅花、兰花及荷花纹样。

化妆时使用一些化妆粉有下列好处：首先，最重要的功能是固定底色，使其持久；其次，可以使化妆后的面容显得更加清新自然、漂亮雅致，体现出专业化妆师的水准；再次，化妆粉可以缩小皮肤毛孔，使皮肤看上去更加细嫩；最后，化妆粉能够缓和粉底和遮盖霜的黏性。施粉后，眼影或腮红很容易均匀地涂抹在丝一般柔滑的皮肤上。

使用化妆粉时，一定要注意不能改变粉底的颜色。也就是说，化妆粉的颜色一定要和粉底的颜色相得益彰、相互配合，绝不能使化妆粉破坏或改变原本已涂好的底色。内含粉红色的化妆粉，尤其要慎用。化妆粉一般分为半透明散粉和粉饼两大类。

（一）半透明散粉（图2-9）

大部分化妆品工厂生产的半透明散粉并不是半透明的，散粉里含有一些颜色。另外，散粉内可供添加的颜料也很少。所以，许多化妆师更喜欢使用那些不含颜料的半透明散粉，这样就不会改变精心选配好的粉底色。半透明散粉不会堆积在皮肤上，使肤色呆板。半透明散粉松软，万一施粉过多，用粉刷轻轻掸去即可。

图2-9

（二）粉饼（图2-10）

与半透明散粉相比，粉饼明显的优点是携带方便。无论何时都可以使用粉饼迅速补妆。另外，粉饼的颜色种类比散粉的颜色种类多。在挑选粉饼时，可以尽可能地选用接近粉底色的颜色。粉饼的缺点是：如果反复使用，容易沉积在皮肤上。所以，在使用粉饼进行补妆时，一定要清楚地意识到这一点。

图2-10

四、黄色校正粉

黄色校正粉是一种加入黄色颜料的半透明粉末（图2-11）。用其化出的妆最接近自然肤色。因为世界上大多数女性的皮肤基色是黄色，而不是粉红色。如果使用含粉红色过多的粉底、遮盖霜和化妆粉来调整底色，往往会使化妆效果极不自然。使用粉底、遮盖霜和化妆粉的目的就是让皮肤看起来光滑无瑕，如果化妆品的颜色与自然肤色之间有差异，则不能取得真正的自然化妆效果。为了能使更多女性真正达到自然的化妆效果，有些化妆品生产厂家已经认识到丰富化妆品颜色系列的必要性。它们开始生产加入较多黄色颜料的化妆品，同时还生产了黄色校正粉，可与其他化妆品调配使用。黄色校正粉适用于各种肤色的女性，但肤色较白者要慎用。

图2-11

有时为配合一些女性的皮肤基色，除使用黄色校正粉以外，还需使用黄色粉底霜。使用黄色校正粉的剂量根据个人的肤色不同而定。

五、眉笔

眉笔主要用于描眉，加深眉色和画眉线，目的是呈现眉毛整齐均匀的效果（图2-12）。优质的眉笔硬实干燥，这样才能画出线条清晰明快的眉型，否则眉毛将斑痕一片、污浊不清。

图2-12

许多标有“眉笔”的化妆笔质地过于松软，画出的效果难以令人满意。购买眉笔之前，最好拿眉笔在手背上画一画，以测试眉笔画出的线条是否清晰；再用指腹在画好的线条上轻轻擦拭一下，如果能很快地被擦掉或线条立刻变得模糊，则不要购买。当眉笔划过手背的那一刻，能感到手背黏糊糊的，这种眉笔也不要购买。

眉笔的颜色一般分为黑色、深棕色、浅棕色和灰色。如果选用浅棕色眉笔，注意不要选带铁锈红的颜色，除非长有满头漂亮的红发，否则这种颜色涂在眉毛上会显得很不自然。假如肤色很白，最好选用浅灰棕色的眉笔。

古代女子画眉所用的材料，随着时代的发展而变化。从文献记载来看，最早的画眉材料是黛，是一种黑色矿物，也称“石黛”。描画前必须先将石黛放在石砚上研磨，使之成为粉末，然后加水调和。磨石黛的石砚在汉墓里多有发现，说明这种化妆品在汉代就已经在使用了。除了石黛，还有铜黛、青雀头黛和螺子黛。铜黛是一种铜锈状的化学物质。青雀头黛是一种深灰色的画眉材料，在南北朝时由西域传入。螺子黛是隋唐时期女子的画眉材料，出产于波斯国。它是一种经过加工制造已经成为各种规定形状的黛块，使用时只需蘸水即可，无须研磨。因为它的模样及制作过程和书画用的墨锭相似，所以也被称为“石墨”，或称为“画眉墨”。到了宋代，画眉墨的使用更加广泛，女子已经很少再使用石黛。关于画眉墨的制作方法，宋人笔记中也有记述，如《事林广记》中说：“真麻油一盏，多着灯心搓紧，将油盏置器水中焚之，覆以小器，令烟凝上，随得扫下。预于三日前，用脑麝别浸少油，倾入烟内和调匀，其墨可逾漆。一法旋剪麻油灯花，用尤佳。”这种烟熏的画眉材料，到了宋末元初，被称为“画眉集香圆”。元代之后至明清，宫廷女子的画眉之黛，全部选用京西门头沟区斋堂特产的眉石。到了20世纪20年代初，随着西洋文化的东渐，我国女性的化妆品也发生了一系列的变化。画眉材料，尤其是杆状的眉笔和经过化学调制的黑色油脂，由于使用简便且便于携带，一直沿用至今。

六、眉粉

眉粉可代替眉笔使用，有时在使用完眉笔后，再用上一点眉粉，使眉毛看上去更加自然（图2-13）。在眉毛比较浓密的部位只能使用眉粉。在实际应用中，许多化妆师在描浓眉时更加偏爱眉粉。遇到比较稀疏的眉毛时，不要单独使用眉粉描眉。

图2-13

七、眼影

在眼睛周围涂画眼影（图2-14～图2-16），目的是突出眼睛的自然形态，使眼睛更加迷人。眼影分为粉饼、散粉和眼影霜三种，主要配方包括无光型眼影、闪光型眼影和七彩型眼影。最常见的眼影是眼影粉饼。其颜色种类很多，色彩千变万化。色差分辨图（图2-17、图2-18）可为购买合适的眼影提供具体指导。建议化妆时同时使用三种眼影（图2-19）。

（1）浅色（如白色），又称轮廓色。

（2）中间色或暗色（如棕色），又称遮光色。

（3）深色（如深棕色和黑色），又称结构色。

图2-14

图2-15

图2-16

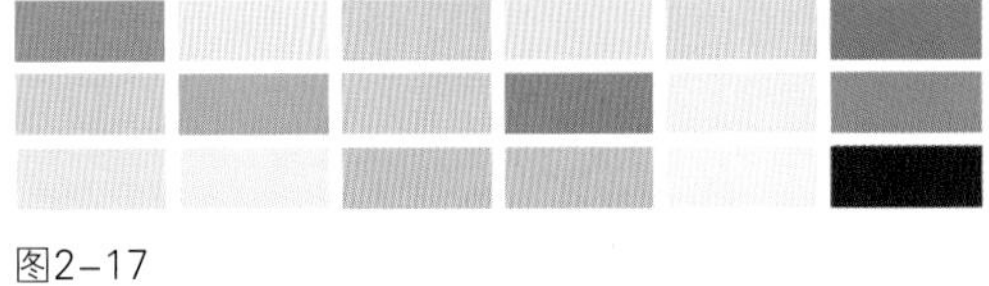

图2-17

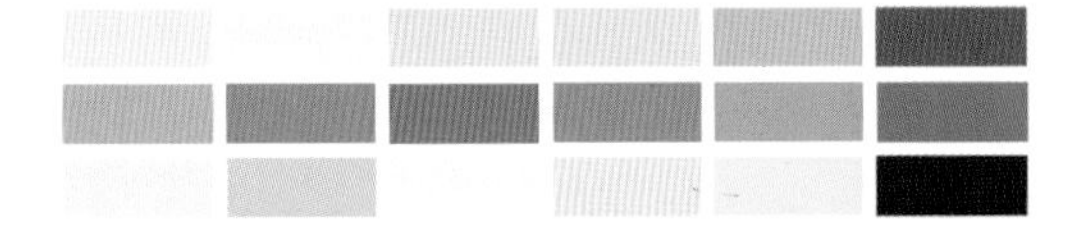

图2-18

图2-19

八、眼线笔

眼线笔的用途是加重眼睛边框的颜色，突出眼睛的魅力，使眼睛更加美丽动人（图2-20）。眼线笔也可以用来营造眼部幻觉效果，使眼睛显得更大，或者更加修长。

选用眼线笔时，一定要注意挑选质地较软的眼线笔，这样的笔用在细嫩的眼皮上感觉平滑舒适。眼部用的化妆笔不应对皮肤造成擦伤和划伤，否则长期使用会使眼部皮肤松弛。购买眼线笔之前，要在手上进行测试：先画一条线，再用手把线轻轻地揉开，如果线能够非常容易地被揉开且不会造成斑驳的效果，这样的眼线笔比较理想。眼线笔有各种颜色，但在日常化妆中，建议最好使用深棕色或黑色。

画眼线不仅可以使用眼线笔，许多化妆师更喜欢使用色泽很重的眼影颜料。实际上，有的化妆师并不喜欢使用眼线笔，因为眼影颜料比较柔细，而且画出的眼线比用眼线笔画出的眼线更加自然。然而，使用眼影颜料画眼线时，其质量至关重要，否则画出的眼线将是一团糟。另外，眼影的颜色比眼线笔的颜色更持久。日常化妆中，建议不要使用眼线液，因为如果使用不当，眼线液画出的眼线会显得凌乱不堪。

图2-20

九、睫毛膏

睫毛膏用于加深睫毛颜色，使睫毛看起来更加浓密，其目的同样是增加眼部美感（图2-21）。睫毛膏的颜色一般有深棕色、黑色和炭灰色，此外还有海蓝色、蓝色、紫色等各种颜色，但这些颜色只是流行色，不要养成使用流行色睫毛膏的习惯。还可根据睫毛膏黏稠度的不同，将其分为普通型和防水型两种。如果使用防水型睫毛膏，应选用合适的清洗剂。据说古埃及的眼线膏由铜绿与油脂混合而成，人们将它涂在眼圈和睫毛处，使眼睛显得大而明亮。

图2-21

十、腮红

腮红也称为胭脂，其功能是为颧骨定位，如果颧骨过高，还可使用腮红使其淡化，突出面部轮廓（图2-22）。腮红还可用于增加面部的自然色泽。

腮红分为粉饼和霜剂两种。无论选用哪种腮红，一定要使用无光的自然色，千万不要使用鲜亮的粉红色和橘红色，这两种颜色将彻底破坏化妆的效果。

图2-22

十一、唇线笔

唇线笔的用途是画出嘴部的轮廓，并矫正嘴唇的外形（图2-23）。用唇线笔矫正嘴唇的外形要比单独使用唇膏简便易行。选购唇线笔时，先要在手上进行测试。唇线笔的质地不可太软，用手不能轻易地涂抹开。与唇膏相比，唇线笔里的含油量较低，蜡质较硬。这样的笔画出的唇线才能持久，而且不像唇膏那样容易溢出嘴唇边线，保持唇型干净整

图2-23

洁。唇线笔有各种颜色，要尽可能选用接近唇膏颜色的唇线笔。

十二、唇膏

精心选用合适的唇膏，不仅能增加容貌的秀美，还可以为面部润色。此外，唇膏可使嘴唇更加诱人，使微笑更具魅力。化妆品柜台出售的唇膏大多呈条状。唇膏颜色众多，一般分为霜剂和加入闪光剂的唇彩两种（图2-24）。有些唇膏的覆盖力较强，色泽厚重；有些透明性较好，可用以突出自然唇色；有些配方的唇膏可持续数小时而无须补妆。购买时，要测试唇膏不同的颜色和质地，因为有些唇膏涂抹后可使嘴唇感到干燥，应挑选自己感觉最舒适的唇膏使用。

图2-24

十三、亚光霜

亚光霜是油性皮肤和时装模特化油彩妆的最佳化妆品（图2-25）。在使用粉底霜之前用一些亚光霜，可迅速形成无光底色，它比使用化妆粉遮光持续的时间长得多。

图2-25

十四、绿色矫正霜

化妆时最常用的矫正颜色是绿色。绿色矫正霜与遮盖霜的功能相同，在抑制皮肤红斑、雀斑、静脉血管条纹、红色过重的面颊等方面十分有效（图2-26）。遮盖霜一般用在绿色矫正霜的表层。

十五、液体眼线笔

液体眼线笔可以替代眼线笔，但仅用于上眼睑（图2-27）。其色泽较为浓郁，画出的线条更加分明，最好仅用于夜晚的聚会场合。使用时要注意，画出的线条应清晰笔直。

十六、睫毛增密霜

睫毛增密霜几乎透明，一般在睫毛膏之前使用（图2-28）。其目的是让睫毛显得更浓更长。

十七、唇彩

如果想增加唇膏的光泽，可使用唇彩（图2-29）。唇彩分为有色和无色两种，可单独使用，也可与普通唇膏一起使用。建议中年人不要使用唇彩，因为这种化妆品能滞留在嘴唇边一道道的细纹之中，从而显得苍老。

图2-26　图2-27　图2-28　图2-29

十八、假睫毛

假睫毛是专门为那些睫毛长得短且稀疏的女性准备的（图2-30）。随着科技的进步，假睫毛的种类和色彩日益丰富。就品种而言，有自然型、妖冶型、夸张型等；就色彩而言，有黑色、咖啡色、蓝色、紫色等。可以根据场合和时间的变化选择合适的假睫毛。

图2-30

十九、美目贴

美目贴是一种专门把小眼睛变成大眼睛、把单眼皮变成双眼皮的绝妙工具。好的美目贴应该具有以下特点：一是要具备良好的黏性，不能粘上去不久就翘起来或掉下来，或卸下来时很疼，比较难揭；二是要有轻薄的质地，粘上后应舒适、柔软，没有厚重感，而且不会觉得眼皮上老有一层东西覆盖着；三是亚光面，表面有透气小孔，易透气，上妆后可以吸附眼影和粉底；四是可以用手撕断。

第二节 化妆品特性与皮肤性质

化妆品特性与皮肤的关系就像是一枚硬币的两面，不可分割。因此，根据皮肤特点来选择化妆品，是每个人都应该掌握的技巧之一。化妆品种类繁多，且多是化学合成品，尽管有对人体保护和美化的功能，但不可避免地会挥发出各种有害物质，对人体皮肤产生刺激作用，有时甚至会引起皮肤水肿、瘙痒等“化妆品皮炎”。只有了解化妆品的功能，了解自身对某种化妆品的适应性，以及该化妆品与自身的皮肤色泽的相衬度和最终要达到的效果，才能确认自己需要的化妆品，进而有的放矢地去购买。

由于遗传、年龄、种族、生活环境等不同因素的影响，每个人皮肤的性质各不相同。如果不了解自己的皮肤性质就随便使用化妆品，很容易引起不良反应。例如，虽然是同样的化妆水，但是干性皮肤的人若使用收敛性化妆水，将会使原本的干性皮肤变得更加粗糙、干裂。因此，认识自己的皮肤性质，正确选择化妆品已成为每位爱美人士的必要课题之一。

一、皮肤类型

要想拥有靓丽的皮肤，首先需要认识自己的皮肤性质。一般而言，皮肤的基本类型有以下几种。

（一）干性皮肤

干性皮肤细腻、透明，毛孔细小、敏感。由于油脂分泌量少、水分不足，抚摸时会有紧绷和粗糙的感觉，并且有许多细小皱纹，皮肤缺少柔软性和润滑性。干性皮肤的女性在年轻时较为美丽迷人，这是因为油脂腺不发达，不会出现鼻头油亮和暗疮。历代美女绝大多数是干性皮肤。但干性皮肤缺乏油脂保护，即使并不猛烈的风也能通过皮肤掠走大量水分，使皮肤因缺水而变得干皱。所以，同一年龄的中年妇女，干性皮肤者往往较油性皮肤者衰老得更快。

对待干性皮肤，要花费一些时间和精力，给予特别的护理才是上策。干性皮肤要注意选用刺激性小的洗脸液，用温水洗脸；还可以用蒸汽熏蒸面部，以增加皮肤的湿度。每天早晚做脸部按摩，每周做一次面膜，平时多用油脂护肤品，选择能够增强皮肤柔软性和润滑性的面霜，这可以防止皱纹滋生。另外，每次洗浴后，可用橄榄油按摩脸部，使皮肤保持水分，能够起到润肤的良好效果；也可以选择有利于皮肤性质的营养霜，如经常用维生素E油脂霜涂脸，可以尽快改善皮肤。现在流行的各种保湿膏也很适合干性皮肤。

（二）中性皮肤

中性皮肤的皮脂和水分保持正常而平衡的状态，是最健康、最理想的皮肤，通常又称为正常性皮肤。其特点是组织紧密、光滑细腻，触手柔软幼嫩，富有弹性，兼有干性皮肤和油性皮肤的优点。因此，选择一些性质温和的化妆品即可。早上温水洗脸后先用爽肤水，再用日霜，晚上可用营养性化妆水保持皮肤的物理平衡，然后涂营养晚霜。中性皮肤的女性还应根据季节来选择带有一定倾向性的化妆品。如夏季趋向油性时，可选择蜜类护肤品或其他清爽的面霜；冬季应换成油性稍多的冷霜或香脂，以适合季节带来的皮肤变化。人群中中性皮肤者较少。少女时期，雌激素分泌增加，促进透明质酸酶的生成，使皮肤得以保留更多的营养物质和水分，所以发育成熟前的少女以中性皮肤为多。

要保持好皮肤，还要多运动，比如坚持做美容保健体操，促进皮肤的新陈代谢，睡前进行横竖按摩5分钟，借以畅通血脉，对保持皮肤健康很有帮助。另外，还要保持心情愉快，切莫动怒，这对皮肤很有好处。

（三）油性皮肤

油性皮肤是皮脂腺太活跃的结果。其表现为面部油亮光泽，就像涂了一层油似的，特别是额头、鼻梁、下颌等处更为明显。油性皮肤色素较深，为淡褐色或褐色，甚至为红铜色。毛孔明显、粗大，纹理粗糙，到夏季更容易出汗，并且面部容易长出疱疹和粉刺。当皮肤表面油脂堆积时，扩张的皮脂腺会形成阻塞，此时对细菌抵抗力减弱，细菌加速繁殖，脸上便会出现黑头、暗疮、小疙瘩等。油性皮肤的好处是不显老，它较能承受外界的各种刺激，皮肤老化得也比较慢，过热和过冷的环境对它的影响都比较小。但这种皮肤油脂分泌旺盛，不仅影响美观，化妆也很困难，并且即使上妆，也不持久，易脱妆。

这类人群应选择含油少、对油性皮肤有综合作用的化妆品，并且要注意勤洗脸，选择清洗力、杀菌力较强的洗面奶，但要注意不要使用碱性化妆水。由于碱性化妆水具有溶化皮脂膜的作用，因而一般人便误以为可顺便去除脂肪。其实不过是暂时性的效果，经过一段时间后，反而会使皮脂腺敞开，使皮肤显得更油腻。同时，由于皮脂膜被剥落，便容易引起斑疹等发炎现象。要使敞开的皮肤收敛，须使用具有收敛作用的酸性化妆水。一般都使用含有“收敛剂”的化妆水使皮肤收缩，以便抑制皮脂分泌而减少刺激。此外，酸性化妆水具有杀菌作用，因此对油腻及残留污垢的皮肤是不可或缺的保养品。但是也有一种罕见的现象，是在洗面奶洗脸过度从而造成皮脂分泌过剩的情况下产生的。敷面是避免此问题的好方法，选择去污及抑制油脂分泌的敷面产品效果最好，早上进行一次敷面，大约可维持皮肤半日的干爽。

敷面时可按照以下步骤进行：

（1）敷面前，要先洗脸清除脏污；有妆时应在卸妆后再洗脸。

（2）开始敷面时，最好从大范围的脸颊开始，空出眼睛及嘴巴四周，以中指及无名指大胆地涂抹敷面乳。掌握一个要点：敷面乳涂得太薄不容易涂均匀，稍微有点厚度的感觉是最恰当的。

（3）一般而言，涂上敷面乳后，要保持15分钟。15分钟后可先用含水分的面巾纸或化妆棉大略地拭除敷面乳，然后用水冲洗干净，注意不要有任何残留。难以清洗的部位必须多冲洗几次，绝对不要施力来清洗。

（4）清洗干净后，要涂上护肤品来加以保护。

（四）混合性皮肤

混合性皮肤是最为常见的一种皮肤，80%的女性都是混合性皮肤。因其油性部位呈T字形，即前额、鼻梁油腻，其余部位则属于干性或正常，故又有T字形皮肤或T界皮肤之称。由于面孔中部油脂分泌较多，混合性皮肤者的额头、鼻头、嘴唇上下方经常生出粉刺。而眼部周围干性皮肤地带缺乏油脂的保护，又特别容易出现鱼尾纹和笑意纹，因而混合性皮肤具有干性皮肤与油性皮肤的双重特点，更需要根据各个部位的属性，采用正确的护理方法。

混合性皮肤的人，首先应当经常保持脸部清洁，尤其是出油部位，要注意用面巾纸将多余的油脂擦去，再用去油脂的洗面奶和温水清洗整个脸部。这样可以减少毛孔阻塞，使脸部皮肤光滑。在脸上油性皮肤部位擦些控油乳液，在干性皮肤部位擦些滋养保湿霜。要改善干性皮肤部位，也可以在沐浴后，趁毛孔张开的时候，在面霜中加几滴貂油或橄榄油，然后用力搓入皮肤中。

另外，饮食上注意调节，多食用蔬菜和水果，晚饭后吃苹果最好。若有时间，每周可用新鲜蔬菜或水果敷面一次，如用西瓜皮美肤：将吃过的西瓜，去掉西瓜皮上红色瓜瓤，然后顺着脸涂搓，十几分钟后再用清水洗脸。

（五）敏感性皮肤（图2-31）

敏感性皮肤是一种在外界因素作用下，极易出现无菌性皮肤发红、发痒的肤质。很多女性认为她们拥有这种皮肤，其实真正拥有这种皮肤者不超过10%。她们多属于先天性皮肤脆弱者，其面色潮红，脉络依稀可见，干湿差别大，抗紫外线能力弱，皮肤极易过敏，甚至水质的变化、穿化纤衣服、香味过重等都能引起过敏反应；涂抹调肤液时常常有轻微热疼的感觉。引起的原因大致有食用海产类食物，使用或接触含金属的物质，呼吸含有植物花粉的空气，以及对药物或昆虫的反应等。分析其内因是皮肤毛细血管出血，引起血液循环障碍。

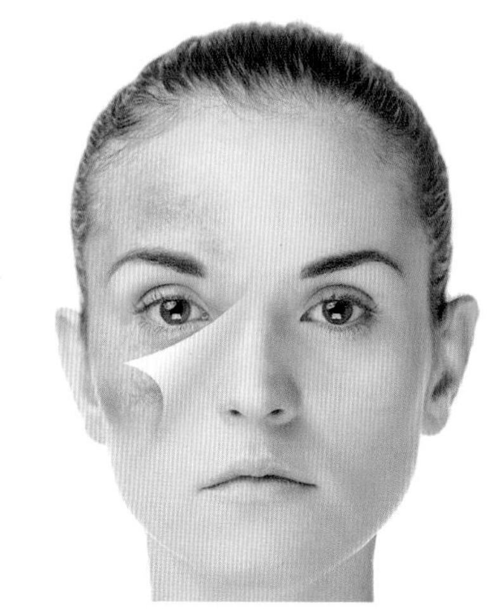

图2-31

敏感性皮肤者早上洗脸后宜选用温和而标明不含酒精的爽肤水来调节皮肤，然后用无色淡雅的护肤品护肤。晚上洗脸宜用乳液型洁面乳，温水洗脸后再用化妆水爽肤、润肤。敏感性皮肤者尤其要注意使用已习惯的化妆品和无色、香味淡雅的护肤品，不宜频繁调换，实在需要调换的话，可先在手臂内侧做试验，证明不会过敏后才能使用。其方法是：将护肤品涂在手臂的内侧，然后绷上纱布，24小时之后拆掉纱布，看手臂内侧是否出现红肿现象。如一切正常，说明此类产品适合使用；如有红肿现象出现，哪怕只是轻微红肿，此类产品也不能使用。

（六）衰老性皮肤

老年人或受疾病影响或长期受冷风酷暑刺激，皮肤含水量骤减，油脂分泌减少，可以呈现衰老性皮肤。这种皮肤的角质层较厚，脂肪层较薄，特征是枯萎干瘪、灰暗无光、弹性差、皱纹深，皮肤松弛、变厚、变硬，肤色棕黑，有色斑或老年斑等。

生活方式不当（如烟酒过度或饮水不足、睡眠不足等），健康状况不良，营养不均衡以及焦虑、紧张等，都是造成衰老性皮肤的因素。不注意皮肤保养，防护方法不当，过多暴露在强烈阳光下或燥热、肮脏污染的环境中，也会引起皮肤早衰。衰老性皮肤在护理中需选用滋润性的按摩霜或人参防皱霜按摩，经常做热敷或蒸面，以增加皮肤水分，畅通血液循环。另外，选择并养成良好的生活习惯，营养均衡，保持充足的睡眠，消除焦虑、紧张等精神因素，可有效延缓衰老。

（七）问题性皮肤（图2-32）

问题性皮肤往往和皮肤病有千丝万缕的联系，其具体表现因皮肤病不同而存在差异，外观上有凹凸不平、颜色斑驳不一的特点。此类患者常为其面部皮肤的改观及灼热、疼痛、发痒之症而烦恼。

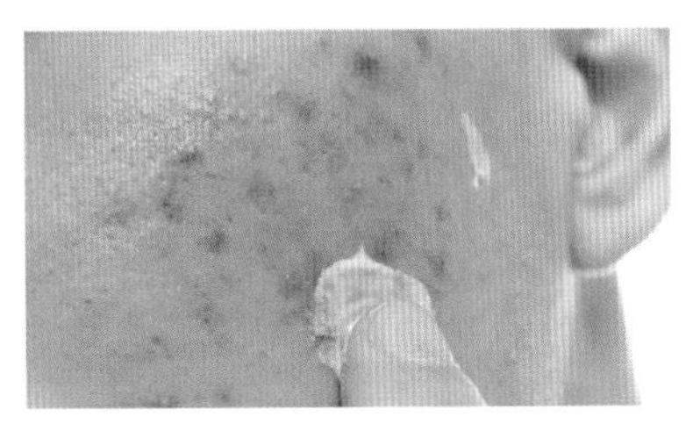
图2-32

这类皮肤有痤疮、黑头白头（粉刺）、雀斑、黄褐斑、汗腺瘤等问题。其中痤疮皮肤常由于遗传、雄性或雌性激素比例失调而引起；此外，胃肠或肝脏有障碍，便秘或过度疲劳，偏食含脂或含糖食物和刺激性油腻食物（如巧克力、奶油甜点），熬夜、睡眠不足等也都是产生痤疮皮肤的原因。再者，长时间洗脸马虎，汗液及空气中的灰尘在脸上沉积，导致毛孔阻塞，也会形成痤疮，所以必须勤洗脸。一般一日三次，且须周到、仔细，并选用碱性低、品质高的美颜洁肤品。痤疮皮肤者原则上不宜化妆，尤其忌选用油基类化妆品，更不宜化浓妆。同时应特别注意饮食调节。如果生理失调，应请医生诊治。有条件者应坚持到美容院进行电子护肤治疗，利用高科技和正确的按摩、护理方法，有效地抑制痤疮生长。

二、皮肤的测定方法

如何测定自己的皮肤性质？要知道，皮肤的性质会随着年龄的增长而发生变化，也会随着季节的变化而变化。因此，皮肤性质要根据情况而随时测定。以下介绍几种简便的测试方法。

（一）纸巾测试法（图2-33）

此法需在早晨起床后未洗脸前进行，否则会不准。取三张吸水性强的柔软纸巾，分别擦拭前额、鼻翼两侧、下颌及双颊。如果三张纸巾上都有油光，说明是油性皮肤。如果三张纸巾都很干燥，则说明是干性皮肤。介于两者之间的是中性皮肤。如果T部（额头、鼻侧、下颌）有油光，而双颊较干，则是混合性皮肤。纸巾上的油腻程度会随季节而变化。

图2-33

（二）面膜测试法

先洗净脸，拭干，选用撕拉式面膜，在下颌、脸颊、鼻侧等处均匀地涂上一层面膜，待干后分别轻轻揭下，记下每一片的部位，放到干净的玻璃上，用放大镜观察，这样就可以知道自己属于何种性质的皮肤。在放大镜下，油性皮肤比较粗糙，毛囊增大，呈现黑头与斑点，并有些线纹。干性皮肤没有明显的纹理，毛孔较小，如果缺少滋润会出现斑白的裂纹。

（三）仪器测试法

可通过专业的皮肤检测仪来测定皮肤性质。这种仪器的使用方法非常简单、方便。只要把脸放在仪器指定的位置上，就可以清楚地了解自己的皮肤。因为仪器会具体地分析出每个人的皮肤状况。除此之外，还能观察到敏感性区域，如微细血管扩张、色素沉着及老化的角质细胞等。

（四）pH试纸测试法（图2-34、图2-35）

欲了解皮肤究竟属于何种类型，还可以由皮肤的pH值（即皮肤的酸、碱性）来加以判断。一般皆以pH值等于7为中心，大于7者为碱性皮肤，小于7者为酸性皮肤。不过健康皮肤的表面pH值为3.7~6.5，多半属于弱酸性皮肤。除此之外，无论是偏向碱性还是偏向酸性的皮肤，都不能算作正常。当皮肤的pH值明显地偏向某一方时，即表示皮肤发生异常。

图2-34

图2-35

（五）外观测试法

对视觉而言，毛孔明显、脸上油腻，无疑是油性皮肤。干性皮肤一般毛孔不明显，皮肤细腻、干净，有细线纹。

（六）触摸测试法（图2-36）

在刚起床时，用手指触摸皮肤，感觉油腻的为油性皮肤，感觉粗糙的为干性皮肤，感觉平滑的为中性皮肤。

图2-36

（七）洗脸测试法

洗完脸15~30分钟后，感觉脸部有油脂的为油性皮肤，感觉紧绷的为干性皮肤，感觉稍紧绷的为中性皮肤。此外，由于皮肤会因季节变化、气候或健康状态而发生巨大变化，如果过分拘泥于测定结果而骤然改变使用的化妆品，反而更容易使皮肤发生异常。因此，不妨把这项测定当成概略标准。另外，如果要对皮肤进行自我诊断，也可以从洗脸后皮肤紧绷的程度及恢复湿润所需时间的长短来判断，由此便可以清楚地知道自己的皮肤究竟属于何种类型。

如果属于中性皮肤，洗脸后可能没有紧绷的现象，即使有，只需10~20分钟便可恢复。如果属于干性皮肤，在洗脸后1小时仍然保持紧绷，皮肤始终像撒上一层粉末般显得特别粗糙，这类皮肤须特别小心保养。

当接受专门pH值测定或采用自我诊断法发现皮肤异常时，应尽早接受治疗，以免情况恶化。如果皮肤属于健康的中性皮肤，那么只需使用适中的化妆品即可；如果属于油性皮肤且容易脱妆并长疱疹时，应改用适合皮肤性质的化妆水或面霜；至于干性皮肤，如果不给适当的保护则会加速老化，因此须特别注意。另外还要特别注意的是，皮肤的性质会因为各种条件的改变而改变。不同的状态、不同的季节，测试结果也会不同。即使在一天中，早晨、中午、夜晚的皮肤感觉也可能不同。以长远眼光来看，二十几岁油性皮肤的人，到了三十几岁时，可能会成为干性皮肤。例如，一直采用油性皮肤的护理方法，等到接近中性皮肤时，还是使用去除油脂的皮肤护理方法，则会使已经平衡的自然皮肤倾向于干性皮肤。

此外，在干性皮肤与油性皮肤混合的脸上，如果一律采用油性皮肤用的基础化妆品，会使干性皮肤部分受损。

了解了皮肤性质的可变性，就应根据实际情况判断自己皮肤的类别，这样才可能对皮肤进行适宜的护理。应选用适合自己皮肤的护肤产品，在使用化妆品时还应防止化妆品对人体的危害。懂得合理使用化妆品，一旦发现化妆品对皮肤有不良反应，应立即停用。下面列举几点注意事项。

（1）不要使用变质的化妆品。化妆品中含有脂肪、蛋白质等物质，时间长了容易变质或被细菌感染。化妆品应选用日期新鲜的，一般在3~6个月内用完，并储存在阴凉干燥处。

（2）不要使用劣质化妆品。为了防止化妆品中有毒物质如水银及致癌物质的危害，应选用经国家卫生健康委员会批准的优质产品。

（3）要防止过敏反应。在使用任何一种新产品前，都要先做皮肤测试，无发红、发痒等反应时再用。一旦发现皮肤有不良反应，要立即停用。

（4）应根据气候使用不同类型的化妆品。寒冷干燥的冬季宜用含油性的化妆品，春夏秋季宜用含水分的化妆品。

（5）少女要选用专用的化妆品。一般不要使用香水、香粉、口红等美容化妆品。

（6）化妆品只供外用，应避免吃进体内。为慎重起见，最好在饮食前擦去口红，以免口红随食物进入体内。

三、化妆品中的肤色倾向性

无论皮肤、眼睛、眉毛和头发是什么颜色，总有一些色彩能够增加人的自然美感，而另一些色彩却能破坏人的自然美感。对于化妆师来说，化妆时为一位女性面部增加某种色彩是非常棘手的事情，这并不是因为很难找到合适的颜色组合，而是因为大多数女性习惯于使用某些颜色。事实上，脸部化妆就如同人体穿衣，某些人穿冷色系的服装相衬皮肤，而有些人穿暖色系的服装较协调。如果不知道自己的肤色倾向于暖色还是冷色，可以先尝试使用不同的颜色，然后从中找出最适合自己的颜色。

（一）色调（图2-37）

确定适合自己的颜色首先要区分冷色调与暖色调。多数人会发现冷色调组或暖色调组中的某种颜色更适合自己的肤色，但有时区分不是很明显。

冷色之所以被称为“冷”，是因为看到这些颜色时，会有一种“寒冷”的感觉，这是相对于看到暖色时“温暖”的感觉而言的。冷色和暖色的区分是相对而言的，冷色系里不同倾向的两种颜色也有冷暖之分。下面举些简单的例子，有助于区分冷色与暖色。

典型的冷色是蓝色。看到这种颜色几乎让人本能地联想到海洋，人们不需要触摸，就能感受到海水的冰冷。与之相对的是火焰——它那橘黄色的火苗暖意融融，人们在很远的地方就能感受到温暖。所以，橘黄色、红色等能让人感到温暖的颜色都被归为暖色系。纵观各种各样的色彩，都可展开想象的翅膀去感受它的冷暖。例如，淡紫色给人的感觉接近于海水的冷，不能感受到丝毫的温暖。在古代，这个色彩被贵族、王侯等特权阶级定为专用色，给人高高在上、冷傲、孤绝之感；黄色在色调上更接近于橘黄色，与蓝色调相对，是它的互补色。继续观看光谱中的其他色彩，会发现有些颜色的区分并不是特别明显，人们把这些难分的色彩称为“中间色”，如粉红色就属于比较难区分的一种。乍一看，有带红的，总是容易被归为暖色一系。事实上，仔细感觉的话，会觉得它更接近于淡紫色。许多颜色都介于冷暖之间，而且这些颜色均会受光线、环境等因素的影响，需要用心去感受。

图2–37

化妆时，要严格地把各种颜色区分为冷色和暖色并不是那么容易。为了在面部画出自然、清新的效果，人们往往选择一些“中间色”，而不是纯粹地使用冷色或暖色。涂腮红时，常常会用到粉红色和橘黄色，这两种色泽互相补充。这些“中间色”的腮红能够更清楚地说明“冷色中间色”和“暖色中间色”之间的细微差别。

在一种特定的皮肤色调中，或适合冷色化妆组合色，或适合暖色化妆组合色。如果肤色适合使用冷色化妆品，被称为蓝色基调；如果适合使用暖色化妆品，被称为黄色基调。

（二）颜色的测试

人的皮肤色调可严格区分为皮肤表面色调与皮肤基调两种，这是两个不同的皮肤特性。可通过颜色测试来确定肤色的倾向性。

进行这种测试的时候，要严格控制光线，不要站在强烈的阳光下，最好站在窗口，让自然光线均匀地分布在脸上。面前放一面较大的镜子，能够照见整个面部、颈部和肩膀。要露出肩膀，避免服装颜色对测试有影响。

皮肤应保持洁净，不应涂抹任何化妆品，也不要遮盖任何皮肤的缺陷，暴露皮肤瑕疵事实上有助于颜色的测试；把头发扎起来或固定在头后部，不要让头发的颜色影响面部颜色的测试；还可以挑选助手来帮助共同完成这个测试，但挑选助手时，要注意该助手是否客观，有无个人偏爱色等问题，因为有些人无意识地偏爱自己喜欢的颜色，会影响测试结果。做这个测试，可以把橘黄色与粉红色加以对比，用于测试的色彩的浓度相当重要，否则会造成判断上的失误。也可以利用颜色上类似图2–38所示的橘黄色和粉红色唇膏的卡片来做这个测试。具体步骤如下。

第一步，把粉红色卡片放在下方，从镜子里观看自己的面部色彩，注意力应放在面部而不是卡片。看一看在粉红色的映衬下，面部瑕疵、肤色不均匀的部位、色斑、雀斑和毛细血管的颜色有何变化，这些面部瑕疵是否变得更加明显或不太明显？

图2-38

第二步，把卡片换成橘黄色，重复做第一步，观察在该色映衬下肤色的变化。也可以用唇膏依次涂在嘴唇上，再次加强这个测试，观察涂上这两种不同颜色唇膏时面部的效果。不正确的色彩会使面部瑕疵明显暴露，皮肤看上去污斑点点，嘴部周围的皮肤更是如此。正确的色彩与皮肤的颜色协调一致，会显得容光焕发，而且面部瑕疵不太明显。

（三）冷暖色的应用

为使妆容自然纯朴、典雅大方、永不过时，化妆师一般不使用鲜亮的蓝色、绿色、橘黄色或黄色。因为这些色彩过于张扬，无法创造出面部的立体效果。为了画出眼部、面颊及嘴唇部位梦幻般的效果，化妆师有时需要加深这些部位的色彩，使其黯淡；而有些部位的色彩却需要加强，使其突出。为了成功地做到这一点，面部有的部位就需要使用中间色，尤其是眼部和面颊。测试的结果会有助于人们正确地区分自己的皮肤基调，在挑选化妆品时，做到心中有数，而不至于盲目。

观察各种色度的颜色往往使人眼花缭乱，尤其是“中间色”这种暧昧的色调，如棕色的色差就有好多种。那么如何区分“冷色中间色”和“暖色中间色”呢？其实只需要问自己这样的问题：在这种颜色里看到的是粉红色和淡紫色多，还是橘黄色和亮黄色多？因为这种区分没有明显的界线，所以这种倾向就成为判断的依据（图2-39～图2-41）。

一般每个人都有自己偏爱的颜色，并且有些人已经习惯使用这些颜色。但仍应该大胆尝试各种颜色，要经常试用其他颜色，而不能成为一两种单调颜色的“奴隶”。否则不但使日常化妆变得索然无味，而且不能享受现在不断更新换代的新产品、新色彩。所以一旦找到了适合自己的冷色或暖色，应该试用一下同一冷色组或暖色组里的其他颜色，也许一些从未考虑的颜色会给自身带来意外的惊喜！

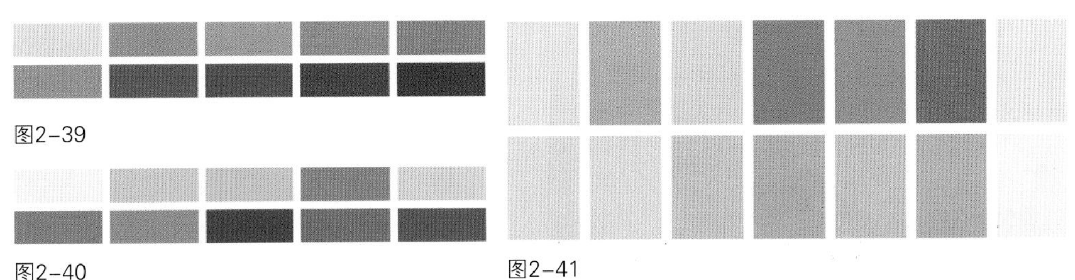
图2-39

图2-40

图2-41

第三节
洗脸与卸妆

化妆对许多女性来说，已如吃饭、睡觉一样必不可少，很多人会把大量的时间用于化妆，却不愿在卸妆上下点功夫。忙了一天回到家中，草草地清洁一下就算了。其实这种做法对皮肤非常不利。在我们周围的环境中，存在许多破坏皮肤健康的因素，如空气污染、紫外线、尘埃、污物等。无论化的是浓妆还是淡妆，甚至不化妆，在回家后都应仔细完成卸妆工作。卸妆更是保养皮肤的第一步，卸妆做得好，就已为美丽的保养奠定良好的基础。

常用的卸妆用品有卸妆油、清洁霜等。眼部的卸妆用品有睫毛清洗剂。不同部位的卸妆着重点不同。眼睛部分的皮肤组织较为脆弱，因此不宜使用一般的清洁用品，应该选择眼部专用卸妆品，并配合最柔和的卸妆技巧，才能预防皱纹的产生。

此外，还请注意一点，若有佩戴隐形眼镜者，记得一定要在卸妆前取出镜片，以免化妆品的油脂弄脏镜片。以下内容就着重部位分而述之。

一、眼部卸妆

第一步，把少量的眼部卸妆品倒在化妆棉上（图2-42）。

第二步，将化妆棉轻轻抹在眼睑上，使化妆品溶解于卸妆油中。这样可以减少摩擦，然后拭净化妆品。

二、唇部卸妆

特别是不易脱落的口红，更要仔细卸妆。若不使用唇部专用的卸妆品，会导致唇部干燥。

第一步，把少量的唇部卸妆品倒在化妆棉上（图2-43）。

第二步，将化妆棉轻轻由外唇向唇中擦拭干净（图2-44）。

图2-42

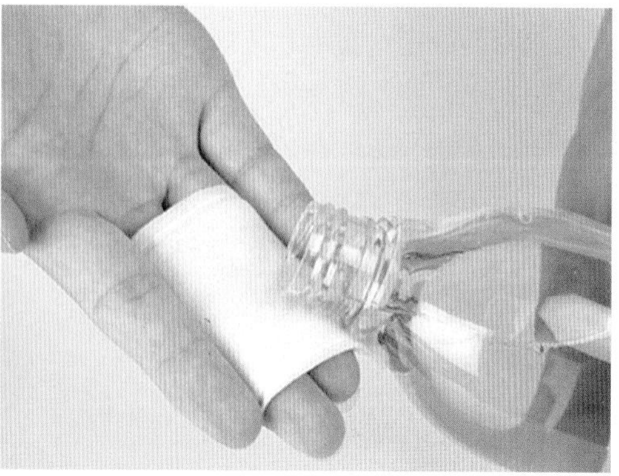

图2-43

图2-44

三、眼睫毛卸妆

眼睫毛距离眼睛相当近，如果卸妆不慎，容易使化妆品掉落眼睛里引起不适，所以动作必须小心轻缓。卸妆品仍应选择眼部专用为佳。

第一步，将一根沾湿卸妆品的棉花棒放在上睫毛处，另外取一片化妆棉放在眼睛下方，然后用棉花棒小心地在睫毛上转动，让清除掉的化妆品落在化妆棉上（图2-45）。

第二步，下睫毛也以同样方法卸妆（图2-46）。

图2-45

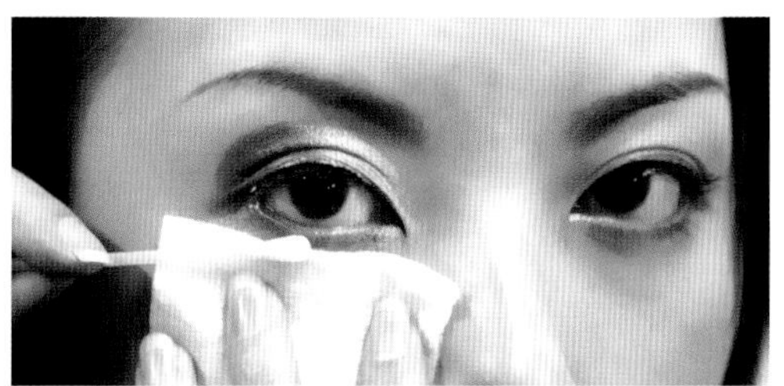

图2-46

四、脸部卸妆

外出回来，一定要使用冷霜或深层洁面乳及成分温和的洗脸用品彻底清洁皮肤。化过妆的皮肤容易被粉垢、污垢堵塞，所以只有选择适合自己肤质的洁面用品，才能预防皮肤受到伤害。

第一步，准备几片化妆棉，作为清洁脸部的用具，倒出约一茶匙的洁面乳在手心上。

第二步，将洁面乳轻轻擦在颈部、面颊及额头上。

第三步，将化妆棉由颈部开始清洁，逐渐移到下颌、面颊、鼻子、鼻下部位、前额及眼部。化妆棉使用过后应立即丢弃，不要重复使用。

第四步，取一小片干净的化妆棉，蘸些化妆水轻拍于脸部。此步骤非常重要，能除去清洁乳的残留物，使皮肤保持酸碱平衡。

第五步，完成脸部的清洁，并使用化妆水轻拍后，可使用润肤霜滋润皮肤。如此，皮肤的水分可以维持得长久些。所有的动作都应以轻柔为主，千万不可用力揉擦，否则将会伤害到细致的皮肤组织。

五、化妆皮肤的保养与护理总结

（一）适时卸妆

化妆品停留在脸上的时间最好不要超过8小时。所以，懂得适时卸妆的女性不失为一个深谙化妆之道的人。回家之后，最好能马上卸妆，让脸上的皮肤得以正常呼吸，这对皮肤的

修护与保养具有重要意义。

（二）就寝前卸妆

保持良好充足的睡眠，可以去除脸上紧绷的线条与压力，使整个人显得容光焕发。其中，就寝前的卸妆是关键步骤之一。就寝前，一定要用专门的卸妆液对皮肤进行一次温和的清洗，然后涂上具有晚间修护、滋润作用的护肤品。

（三）科学使用化妆品

每个年龄阶段的皮肤都具有不同的特征。所以，如何科学、合理地使用化妆品成为每位女性的首要问题。尤其是对保养品、护肤品的使用要慎重。如20~30岁的年龄阶段，要加强抗氧化功效保养品的使用；30~40岁的年龄阶段，要使用具有淡化细纹功效的保养品，如胶原蛋白、氨基酸等；40岁以上应使用具有紧实效果的护肤品，涂抹除皱晚霜与眼霜等。

（四）定期进行皮肤护理

皮肤护理的方式也应以春、夏、秋、冬四季来进行区分。春季的皮肤护理可侧重于水的补充，适当加强脸部的补水功能；夏季要对皮肤进行防晒控油的双重护理；秋季护肤要加强保湿；冬季要选用奶液类的油性护肤品。皮肤护理的时间和次数也要随季节变化而变化。春夏季可三天一次，秋冬季则一星期一次比较妥当，不必天天敷脸。

六、洗脸的操作手法

洗脸水不宜过热或过冷。一般来说，一年四季都保持和皮肤温度相近的热度最佳。换句话说，对于使肥皂充分起泡及对皮肤造成的刺激而言，35℃是最适宜的温度。不过，据专家最新研究，认为0℃是最适宜洗脸的温度。不管是35℃还是0℃，脸部的承受与变化是最有发言权的。洗脸的顺序由上至下依次为前额、眼部、鼻部、面颊、口周、下颌。

（一）洗脸的操作手法

第一步，将适量洁面乳置于左手上，用右手中指、无名指的指腹分别将洁面乳涂于前额、双颊、鼻头及下颌部，并用双手中指、无名指的指腹将其均匀抹开（图2-47）。

图2-47

第二步，分别用双手中指、无名指的指腹由眉心稍向上抹至额中部，再向两边拉开至太阳穴，清洗额部皮肤（图2-48）。

第三步，接上步手位，双手中指、无名指的指腹由太阳穴开始，沿眼周打圈揉洗眼部皮肤。每当中指、无名指拉抹至鼻两翼时，无名指抬起，只由中指单独提拉至眉心，然后中指、无名指迅速并拢，继续沿眼周打圈揉洗（图2-49）。

第四步，接上步手位，当中指提拉至眉心处时，双手拇指交叉，用中指指腹沿鼻两翼上下推拉（图2-50）。

第五步，接上步手位，当中指推至鼻头两翼时，在鼻头两翼分别打小圈，清洗鼻头（图2-51）。

第六步，接上步手位，在鼻头两翼，中指、无名指迅速并拢，分别由鼻两翼至太阳穴，由嘴角两侧至上关穴，由下颌至耳垂前方打小圈，清洗面颊（图2-52）。

第七步，双手中指、无名指由下颌中部绕唇至人中，再返回下颌，清洗口周皮肤，上唇部仅用中指（图2-53）。

第八步，双手五指并拢，全掌着力，交替由对侧耳根沿下颌拉向同侧耳根，清洗下颌处皮肤（图2-54）。

第九步，双手四指分别并拢，掌指着力，由颈部拉抹至下颌，清洗颈部皮肤（图2-55）。

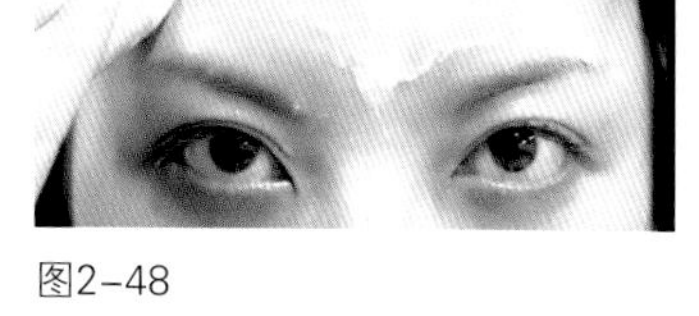

图2-48

图2-49

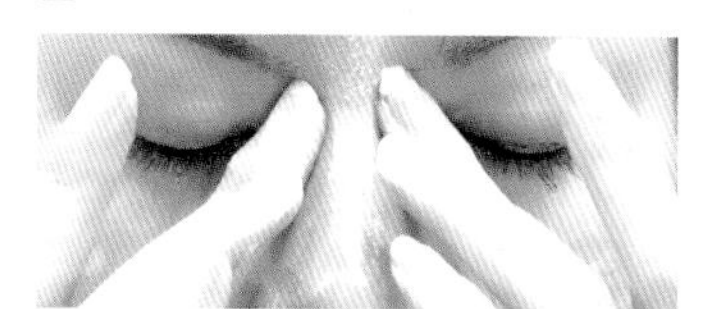

图2-50

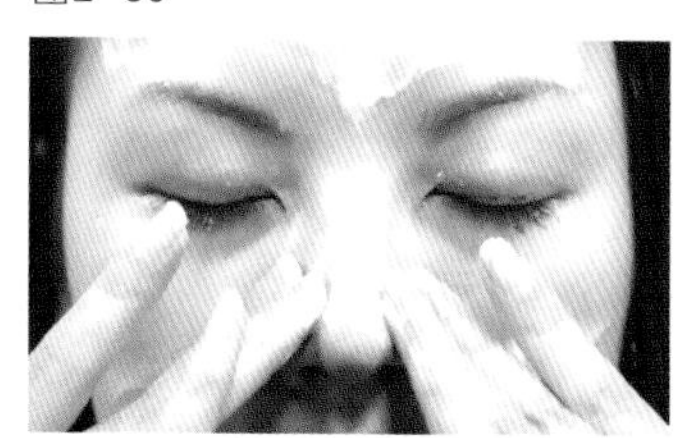

图2-51

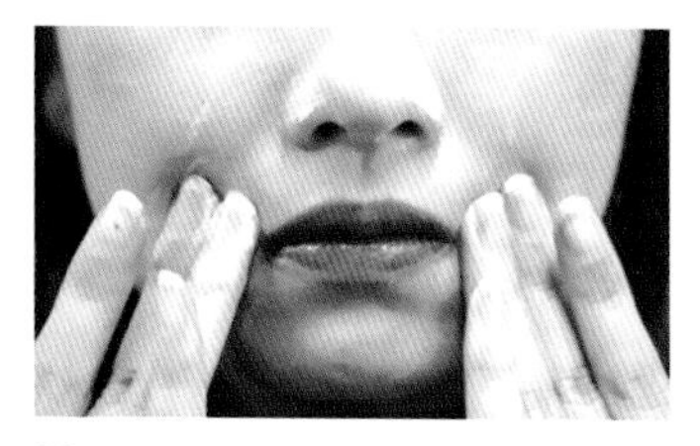

图2-52

（二）洁面要求

（1）洁肤手法应按肌肉生长方向进行，力度适中、速度平稳、节奏适度、衔接连贯。

（2）清洗鼻、眼部位时，动作要轻柔。

（3）洁肤过程中注意不要将洁面乳弄进眼、鼻、口中。

（4）洁面时间不可过长，每步做2~4遍，以洗干净为宜。

有化妆习惯的人，一定要使用适当的卸妆品来彻底清除脸上的粉底、彩妆，不能只用洁面乳随便清洗。因为，涂在脸上的粉底、彩妆，对皮肤有相当程度的附着性，不容易用简单的亲水性洁面乳就能清洗干净。附着在脸上的化妆品会阻塞毛孔，造成皮脂代谢上的困难。因此，只有彻底清除这些粉底、彩妆类制品，才能让皮脂的分泌及代谢正常，同时也可避免因为化妆品残留而长粉刺。

无论是淡妆还是浓妆，最适合长久使用的卸妆品是含油脂比例较高的卸妆油或卸妆霜。油脂可以将脸上的彩妆粉制品、油垢、代谢皮脂等废物清除出皮肤表面，高油度的卸妆方式对皮肤才是真正的保障。油脂的清洁方式，是以油对彩

图2-53

图2-54

图2-55

妆、皮脂极佳的亲和力将其完全清除掉，这个过程只要借助手的按摩就可以顺利完成。低油度的卸妆品，不是卸妆效果不佳，就是还要借助于其他成分的参与，此种卸妆过程可能会涉及乳化、溶解、渗透等问题，对皮肤有一定程度的刺激。

请记住，习惯化妆，就不要忘记卸妆这个重要环节。

本章小结

一、重点是熟记各类化妆品的特点。

二、难点是化妆品与肤色之间的应用应如何把握。

思考与练习

一、复习各类化妆品的特点。

二、试述粉底的特征和适用范围。

三、不同肤色在运用化妆品上有哪些注意事项?

第三章

Part 3

时尚化妆中的脸部技法

课题名称： 时尚化妆中的脸部技法

课题内容： 1.局部与整体

2.修饰与调整

课题时间： 8课时

训练目的： 使学生能够熟练掌握每一个化妆步骤，并懂得针对眉毛、眼睛、嘴巴等不同部位做出合理的妆容设计，扬长避短，规范每一步的操作。

教学方式： 由教师一边讲授、一边示范、一边操作，并请学生上来做示范，由学生做点评，教师做总结。

教学要求： 1.要求学生熟悉每一个化妆步骤。

2.掌握每一个步骤的特点和操作方法。

3.区别对待眉毛、眼睛、嘴巴等不同部位的化妆技巧。

课前准备： 清洁化妆工具，检查各种化妆品。

第一节 局部与整体

掌握时尚化妆中的局部与整体技法，有助于画出完美的妆容。局部服务于整体，整体串联起局部，是化妆时需要遵循的原则之一。如果割裂局部与整体的关系，在化妆时“各自为政”，就会出现“东施效颦”的效果。可能出现撞色和抢色，也就是说眼影色和腮红色、唇膏色是多色系的混搭，在人的脸上呈现出“不堪入目”的场面；也可能出现脸型、眉型、唇型的多角度“打架”和“折射”情况，如在长脸上画折眉，让脸变得更长；在圆脸上画平眉，使脸显得更圆等。要避免以上情况的出现，就要兼顾局部与整体的关系。

图3-1

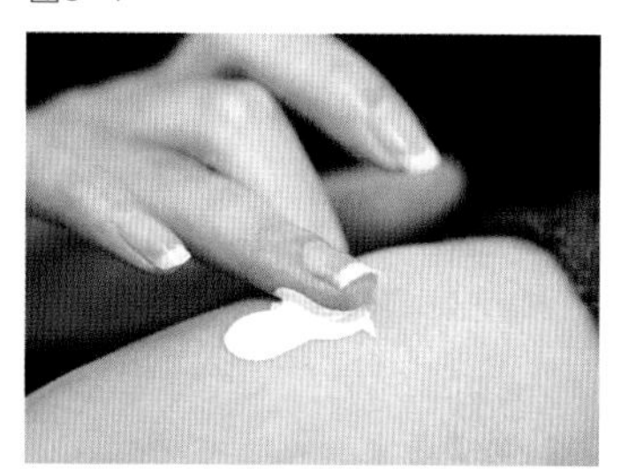
图3-2

一、粉底的打法

（一）立体打法（图3-1）

选用三种颜色的粉底打底：用近似于肤色的粉底打一遍底，再用稍暗一号的粉底在鼻翼、腮颊处打出立体感，眼角与T字部位以及颧骨处则用比肤色浅一号的粉底来提升轮廓。最后用粉刷将散粉轻轻扫在粉底上以固定妆容，并使皮肤呈现自然质感。

图3-3

（二）五点定位法（图3-2～图3-7）

五点定位法指把粉底挤在手背上，然后用无名指将粉底分成五份小米粒大小，分别点在额头、鼻尖、下颌、两颊处打粉底的方法。在分成五份的基础上，用无名指最前端的指腹将粉底小心地抹开，然后用半湿的海绵均匀涂抹整张脸，特别是发际线、鼻翼、嘴角两侧、下颌与脖颈交界处等部位要涂抹均匀，千万不能留下难看的边缘线。打

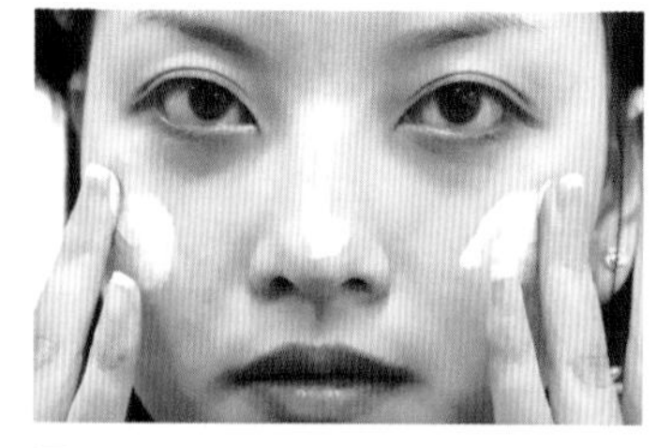
图3-4

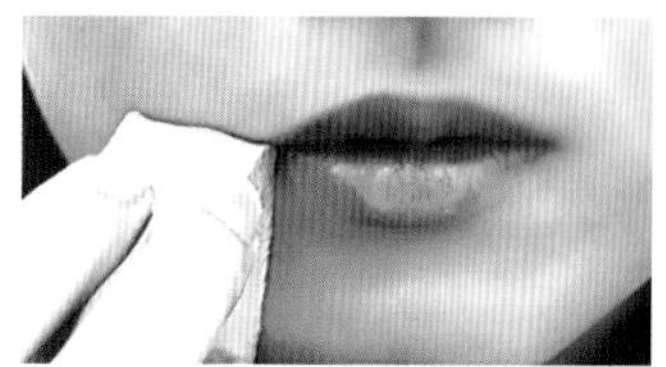
图3-5

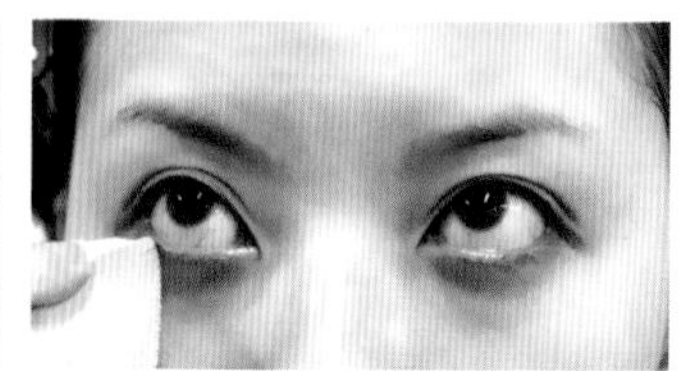
图3-6

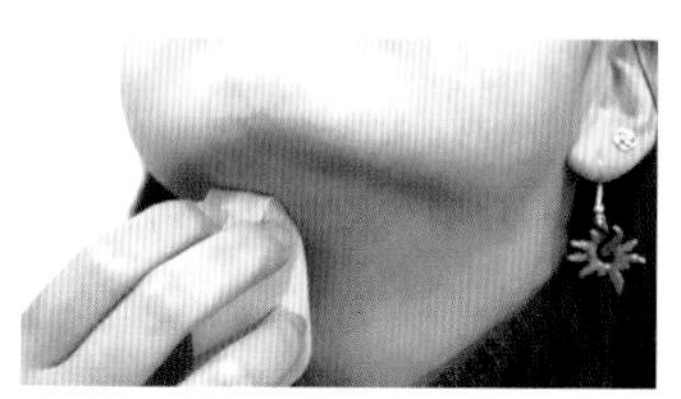
图3-7

粉底的时候，要采用轻揉的方法从中间向两侧推开，而不能采取“团面”的方法乱涂。在处理边缘线时，最好用海绵加以融合。最后用珠光定妆粉定妆以提升面部的立体感，进一步提升肤质晶莹剔透的水嫩效果。

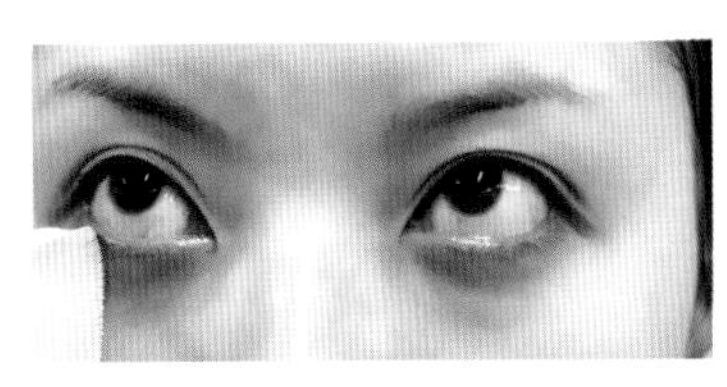
图3-8

（三）平面打法（图3-8、图3-9）

拿一块半干的楔形海绵块，按照从中间向两侧推开的方法，轻柔地把粉底在脸上各部位涂抹均匀。在打粉底的时候，要注意手部力量的轻重，不能用“撕”的方法，只能用“印”“按”的方法，让粉底和脸上的皮肤完全地融合。最后，再用海绵块的另一端均衡一下粉底和各边缘线的连接部分，以达到完全自然衔接的效果。

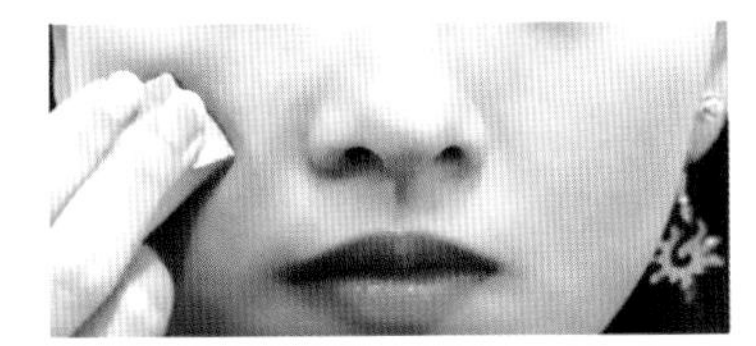
图3-9

二、定妆的技巧

持久的妆容千万不能忽略定妆这一环节。许多化妆的女性不习惯在涂好粉底后就定妆，实际上这是非常重要的环节，它直接影响到后面的眉粉、眼影和腮红的效果。

图3-10

（一）喷水法（图3-10～图3-13）

在打好粉底后，拿一把大号的粉刷，在脸上厚厚地扑上一层散粉。停顿2分钟后，拿一把扇形刷掸掉脸上多余的散粉。由于脸上散粉很厚，所以需要用喷水的方法冲掉。此时，拿一把盛满干净水的喷壶，距离脸部20厘米左右，采用垂直的方法均匀地往脸上喷洒水珠，脖颈下部最好拿一块布挡一下，以免弄湿衣服。等脸上的水珠往下淌水的时候，拿一张吸水纸平铺在脸上，并用手轻轻地拍匀，特别是下眼睑、嘴角两侧、鼻翼两侧部位，然后采用从上向下的方法掀开脸上的吸水纸。这样一来，定妆基本完成。如果感觉有些部位需要再补充一下，可拿粉扑协调一下。采用喷水法进行定妆的好处是，整张脸会显得非常精致、匀称和通透，就像没有搽过粉一样。许多韩式化妆就是采用喷水法来定妆的。

图3-11

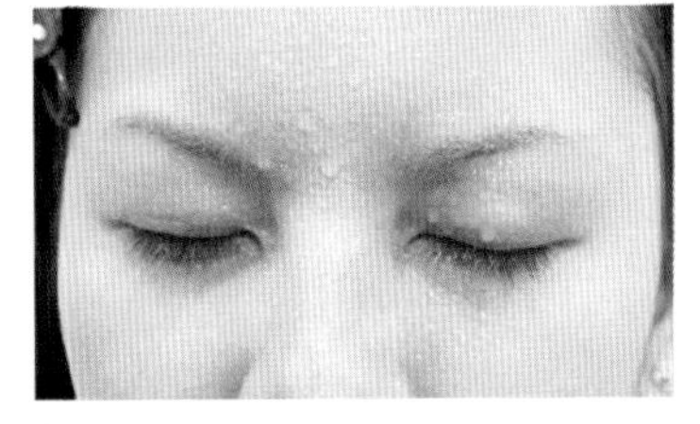
图3-12

（二）粉扑定妆法（图3-14）

采用粉扑定妆是比较常见的方法之一。在脸上涂好粉底后，用粉扑蘸粉饼，采用轻压的方法，把粉均匀地扑在脸上，尤其是上眼睑、下眼睑、嘴角两侧、鼻翼两侧等部位要特别小心地扑上。等待30秒后，拿一把扇形

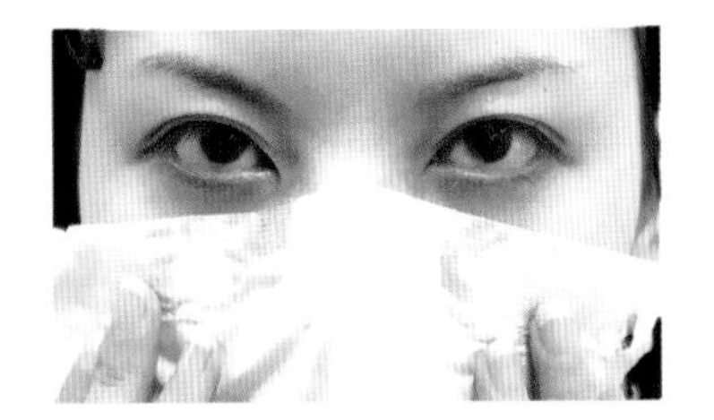
图3-13

刷掸掉脸上多余的粉末。这样一来，定妆就完成了。但是要注意，采用粉扑定妆虽然比较方便，可随时补妆，但容易让人感觉“做作”和“假”，并且反复补妆后，脸上的粉会越来越厚。所以，用粉扑定妆不常用在生活妆中，晚妆、舞台妆等比较适合。

（三）粉刷定妆法（图3-15）

拿一把大号的粉刷，蘸取散粉。在取粉的时候，注意不要直接用刷子的最前端，最好用刷子的两侧，这样可避免一次性取粉过多，也可避免在刷子接触脸部的最初部位形成过厚的粉。用粉刷定妆的好处是，妆容会显得非常自然，且比较薄和透。所以，在生活妆、文秘妆中，常常采用粉刷定妆法。需要注意的是，用粉刷定妆最好能一次性取足备用的量，不要两次、三次地去取粉。在定妆的过程中，可按照从上而下的方法展开。

图3-14

三、眉毛的画法

画眉前，首先要确定眉毛的长度。那么，眉毛的长度究竟以多少为宜呢？这里有一个最简单的计算方法：眉头的位置和内眼角的位置对齐或稍微靠前一点均可，眉尾的收笔应在鼻子外侧和外眼角连接线的延伸点上，最好不要超过这个交叉点，否则会显得眉毛过长。按照这个方法确定的眉毛长度是比较合理的（图3-16）。

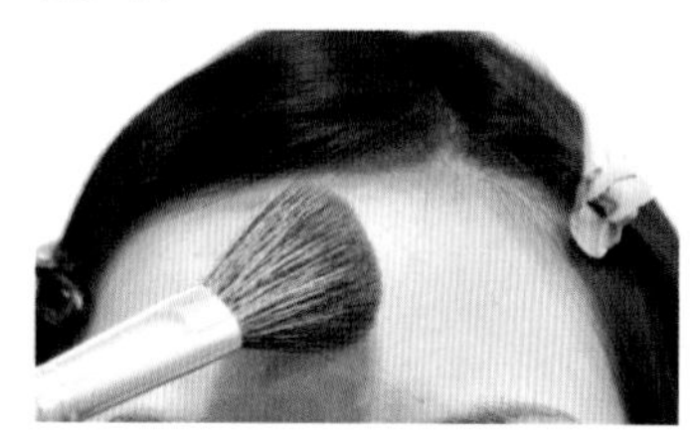

图3-15

（一）用眉笔画

用眉笔画眉时，最好先确定一条下线，即眉头、眉峰、眉尾三点连成一条比较硬朗的弧线，然后沿着这条下线，按照既定的宽度，轻轻向上晕染（就像画素描那样，用短而轻的笔触一笔一笔地画上去）。最深的部分应在眉腰至眉峰的位置，其次是眉峰至眉尾，最淡的应是眉头至眉腰。千万不要把眉头画得太浓，虚一点儿、淡一点儿看起来会比较自然。如果用色彩来区分，眉腰至眉峰为黑色，眉峰至眉尾为深咖啡色，那么眉头至眉腰就是浅咖啡色。画好后，再用眉刷从头至尾轻刷，让色彩相融（图3-17）。

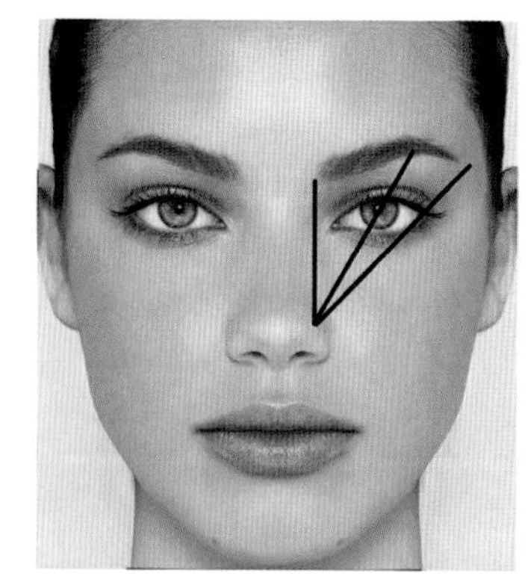

图3-16

（二）用眉粉扫

不存在断眉现象的眉毛都可以用眉粉来表现。与用眉笔画相比，用眉粉扫会显得更加自然，但它比较容易脱落，需要不时地补扫。如果将眉笔画与眉粉扫两者相结合，则会更加完美。用眉粉画眉也要区别色彩，最好是眉刷的一侧蘸黑色，另一侧蘸咖啡色。扫的时候，靠手腕的抖动形成浓淡变化，否则扫出来的眉毛会显得死板（图3-18）。

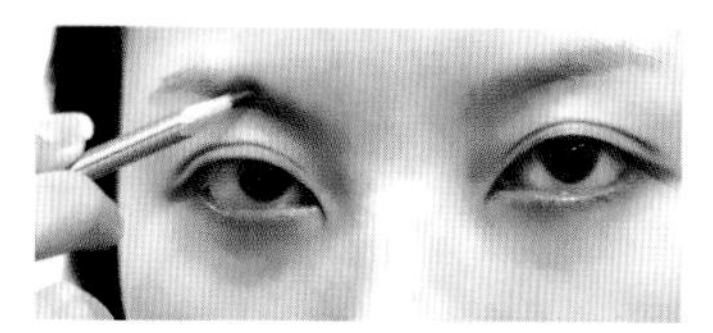

图3-17

（三）用睫毛膏画

用睫毛膏画眉的好处是自然、有个性。画的时候，先用眉梳将眉毛向上稍作梳理，然后直接拿黑色睫毛膏，按照眉毛的生长方向向上根根涂抹。用睫毛膏画出来的眉毛非常漂亮，但清洗的时候最好用专门的去睫毛膏的清洗剂来清洗（图3–19）。

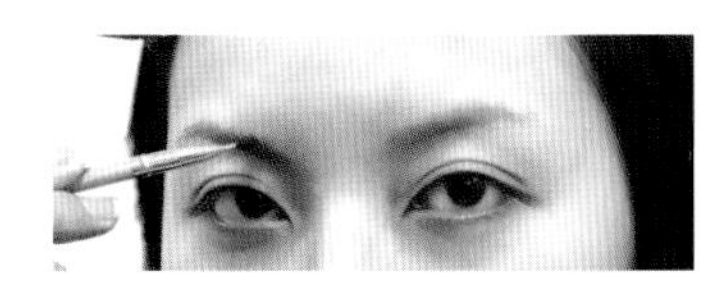

图3–18

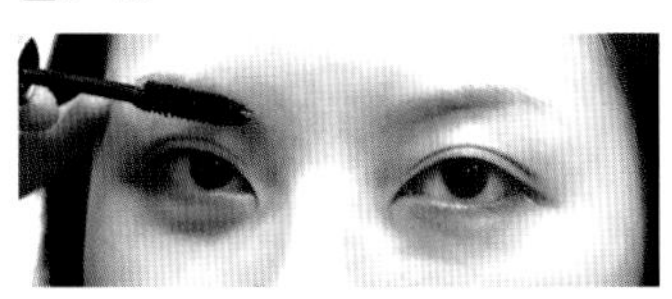

图3–19

四、眼睛的画法

（一）眼睛的三角定位

所谓眼睛的三角定位，是指在画眼影前，用深咖啡色在上眼睑尾部向里画一个三角区域，而这个三角区域的上边应是眼睛最高点向外平行延伸的直线，这个位置就是常说的“三角定位”。那么，眼睛的这个三角定位具有什么作用呢？一是能加强眼睛的立体感，二是能加强眼影的层次感（图3–20）。

图3–20

（二）眼影的画法

1. 环形画法

环形画法指采用画半圆的方法来涂眼影。涂眼影时，可把眼睛分成三等份。前面的1/3画浅色眼影，后面的2/3则要选择深色眼影。而眼影位置的高低也要根据上眼睑至眉毛的距离来计算。一般而言，生活妆中涂眼影的高度不要超过1/2，最好是小于1/2。不同眼影色之间则要过渡自然，千万不可出现难看的边缘线（图3–21）。

图3–21

2. 翼形画法

翼形画法是眼影画法中另外一种表现方法。它的特殊之处在于把眼影涂得像燕子尾巴那样，有一个折角。但是折角的边缘线要过渡自然。翼形画法可以拉长眼睛的长度（图3–22）。

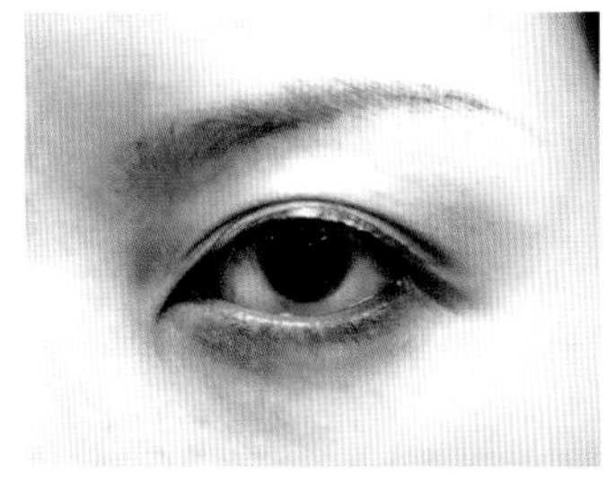

图3–22

（三）眼线的画法

眼线可借助于眼线笔或眼线液来完成。画眼线时，一定要遵循“中间粗、两头细”的原则。其起笔可从中间开始，由中间向后画，在画到后面时，手要微微提起，并带动眼线上翘（眼线上翘可使人显得年轻）。然后再由中间开始，向眼头部位画，画时线条要逐渐变细，越到前面越细（图3–23、图3–24）。

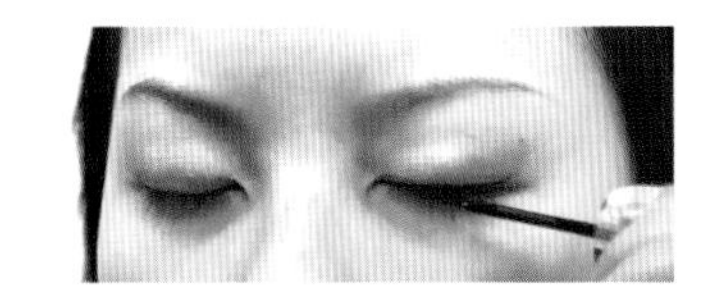

图3–23

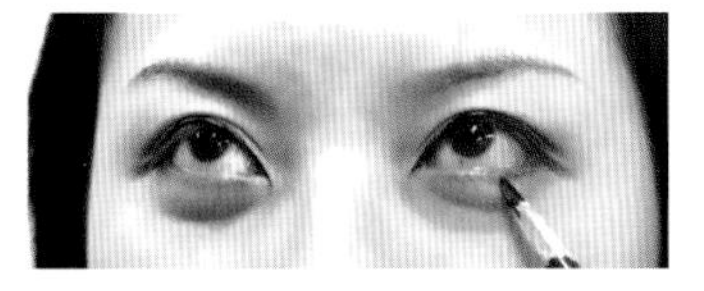

图3–24

此外，画上眼线时，一定要紧贴睫毛根部，否则画出来的眼线会很难看。哪怕距睫毛根部只有1毫米的距离，但在人睁开眼睛的瞬间也会形成明显的白色空隙，不仅会大大降低眼线的明亮度，还会适得其反。因为画眼线的目的是增加眼睛的神采，如果留有空隙，则无神采可言。

画下眼线时，最好采用眼线笔，不要用眼线液来画。画的时候，从眼尾开始向里画1/3就可以了，前面的部分一定要虚化。

（四）戴假睫毛

戴假睫毛要视场合和妆容而定。其方法是：拿一只假睫毛放在眼睛处比较一下，看看假睫毛的宽度是否符合自己眼睛的宽度。太宽的话，必须用剪刀修剪掉。修剪的时候，要从长的一端剪起，短的一端最好不要动。因为人的睫毛生长规律是内眼角短、外眼角长，所以靠近内眼角部分的假睫毛能保持原样的要尽量保持原样。

修剪好假睫毛后，用专用的粘假睫毛的胶水在边缘处薄薄地涂一层，3秒后，微闭眼睛，把假睫毛紧贴着睫毛根部粘上。粘贴时，亦要根据眼睛的弧度来进行。

（五）涂睫毛膏

涂睫毛膏的目的是让睫毛变长、变浓。在涂睫毛膏之前，最好先用睫毛夹把睫毛夹弯，按照先根部再中间再前端的三部曲来进行，每一步都在心中默数5秒。等睫毛在睫毛夹的作用下稍微变弯时，即可涂睫毛膏了（图3-25）。

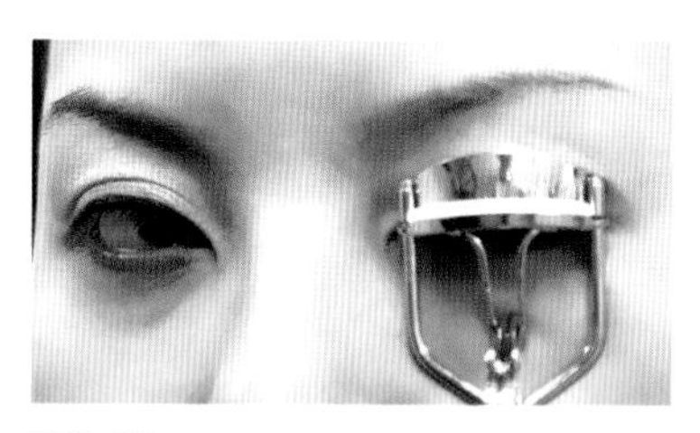

图3-25

涂睫毛膏时，可分上、下两步进行。涂上睫毛时，遵循从前端到根部的方法分涂，但要注意避免睫毛结块。如果涂一遍不够，可等完全干后，再涂一遍。拿睫毛膏的手应是平行于眼睛的。涂下睫毛时，要采用竖涂的方式进行，这样可以避免弄脏。涂的时候要非常小心，最好是睫毛根根分明（图3-26、图3-27）。

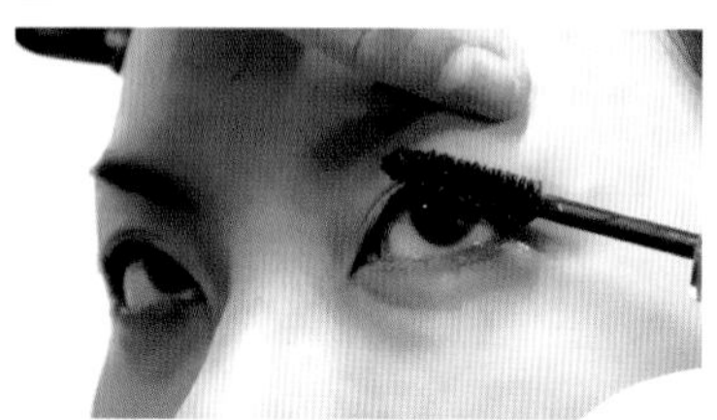

图3-26

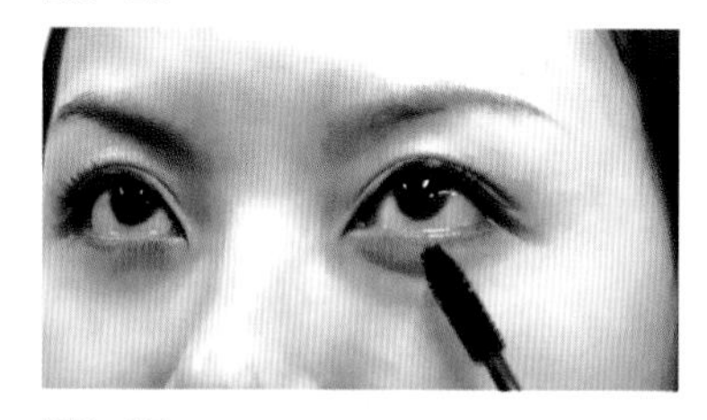

图3-27

戴假睫毛后涂睫毛膏，要把假的和真的融为一体，不能让两者分离，这是需要特别注意的。

（六）眼睛的提亮

这一步常常不会太受重视，但事实上效果非常好，对营造眼睛的立体感是非常重要的补充。眼睛的提亮可从两部分入手，一部分是眉弓骨下方部位的提亮；另一部分是眼睛直视前方时，眼球对应上方部位的提亮。这两个部位的提亮，能使眼睛变得更有神（图3-28）。

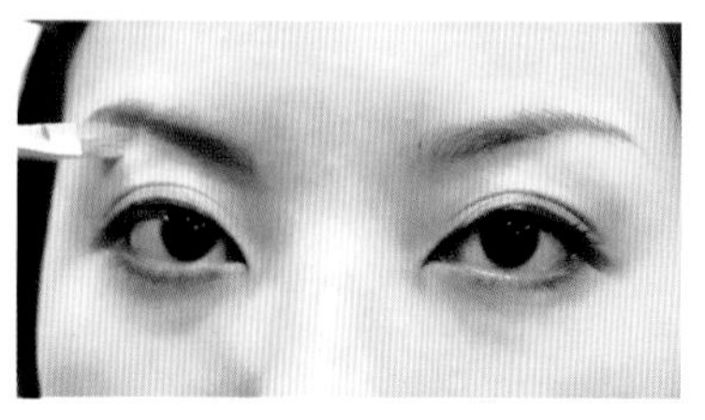

图3-28

在提亮色彩的选择上，可选择白色、嫩黄色等比较浅淡的色彩。也可借助于胶水将一些色彩比较鲜艳的亮粉粘在眼球上方部位，以达到靓丽的目的。

五、嘴巴的画法

（一）勾勒唇线矫正嘴唇

每个人的嘴型都不是绝对对称的，所以需要借助唇线笔勾勒出相对完美的唇型。在勾勒前，要找出自己唇型的欠缺之处，明确唇山、唇谷的位置，然后用唇线笔仔细加以矫正并勾勒出来（图3-29）。需要注意的是，勾勒唇线并不是一蹴而就的，需要把嘴唇分成几个部分分别加以描绘。在描绘的过程中，要先对称地找好几个点，然后再用唇线笔把这些点加以连接。如此，一条标准的唇线就画好了，可分为下面两步进行。

第一步，从上嘴唇的中间开始，向左右两侧呈弓形地描绘唇线，距离最好能掌握在整条上唇线的1/2。在下嘴唇唇线的中间画一条很短的平行线（图3-30）。

第二步，画出嘴角的唇线，并连接所有的线（图3-31）。

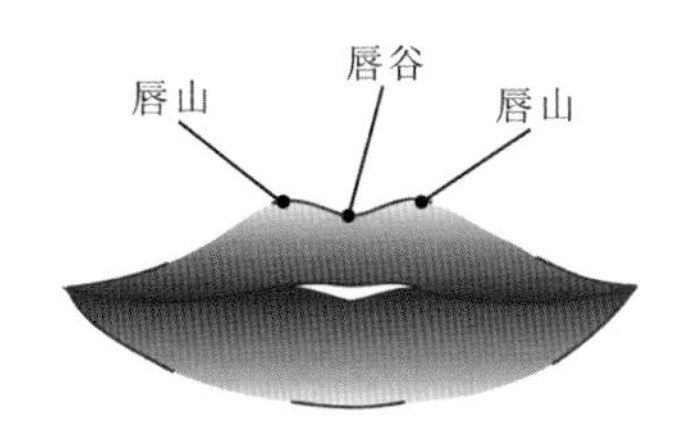

图3-29

图3-30

图3-31

（二）用唇油滋润嘴唇

用一把干净的唇刷，蘸无色透明唇油涂于嘴唇上，停留数分钟，以便唇油能完全渗透到皮肤里。唇油对保护唇部皮肤、防止唇部皮肤干燥起皮具有非常好的作用。

（三）涂唇膏或唇彩

用面巾纸拭干多余唇油后再涂唇膏或唇彩。唇膏的色彩要依据个人的肤色、服装而定，否则会出现不协调的现象。在涂唇膏时，最好用一支较小的、坚实的貂毛刷子进行涂抹。涂抹时要非常小心，切忌涂出唇线边缘。如果直接用管装唇膏涂抹，很难画出完美的唇膏边缘。涂抹唇膏时，还要牢记一个原则，即从嘴角向里涂，然后由唇谷、唇山向中间涂，两者正好结合在一起，可以保证唇型的美观、清洁，而不会出现“污浊一片”的现象（图3-32）。

图3-32

（四）用定妆粉隔着面巾纸扑在唇膏上

此做法是为了使唇膏持久，对防止唇膏脱落具有非常好的作用，其操作步骤如下。

第一步，涂好唇膏后，用面巾纸轻轻地拭干唇部，然后拿一张干净的面巾纸放在唇部，用粉刷蘸一层薄薄的化妆粉涂于唇部（图3-33）。

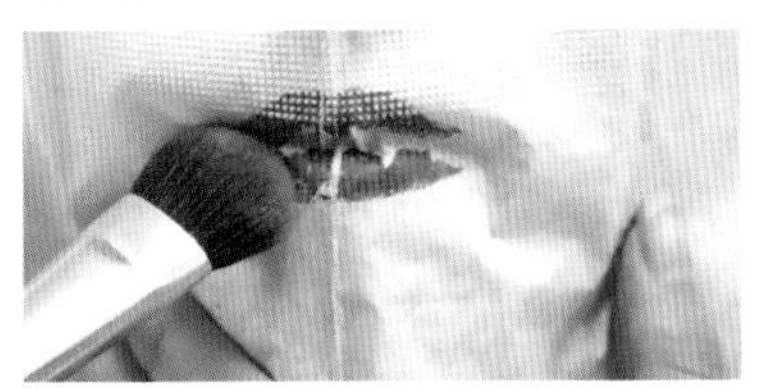
图3-33

第二步，取下面巾纸，根据需要决定是否还要涂唇膏（图3-34）。

图3-34

六、腮红的打法

腮红在整个面部化妆中，起着承上启下的作用，既呼应眼影色彩，又照顾到唇膏色泽。腮红打得好还是坏，对整个妆容的成败起到举足轻重的作用。

（一）斜面打法

斜面打法指沿着颧骨下方向耳朵中部、上部斜伸着打过去的方法。此法适合脸大的人群，如圆脸、方脸等。但要注意的是，不能把腮红打成一条直线，而应是呈曲线状涂抹腮红（图3-35～图3-37）。

（二）圆形打法

圆形打法是在人的颧骨最突出的点上，用腮红刷蘸点儿色彩，采用打圆的方法晕染开来。但应注意的是，一为中间深、边缘淡，使整张脸透出淡淡的自然红晕；二为腮红的位置绝对不能低于鼻底线，一旦低于鼻底线，会使人的面部感觉变形，并造成表情呆滞的形象（图3-38～图3-40）。

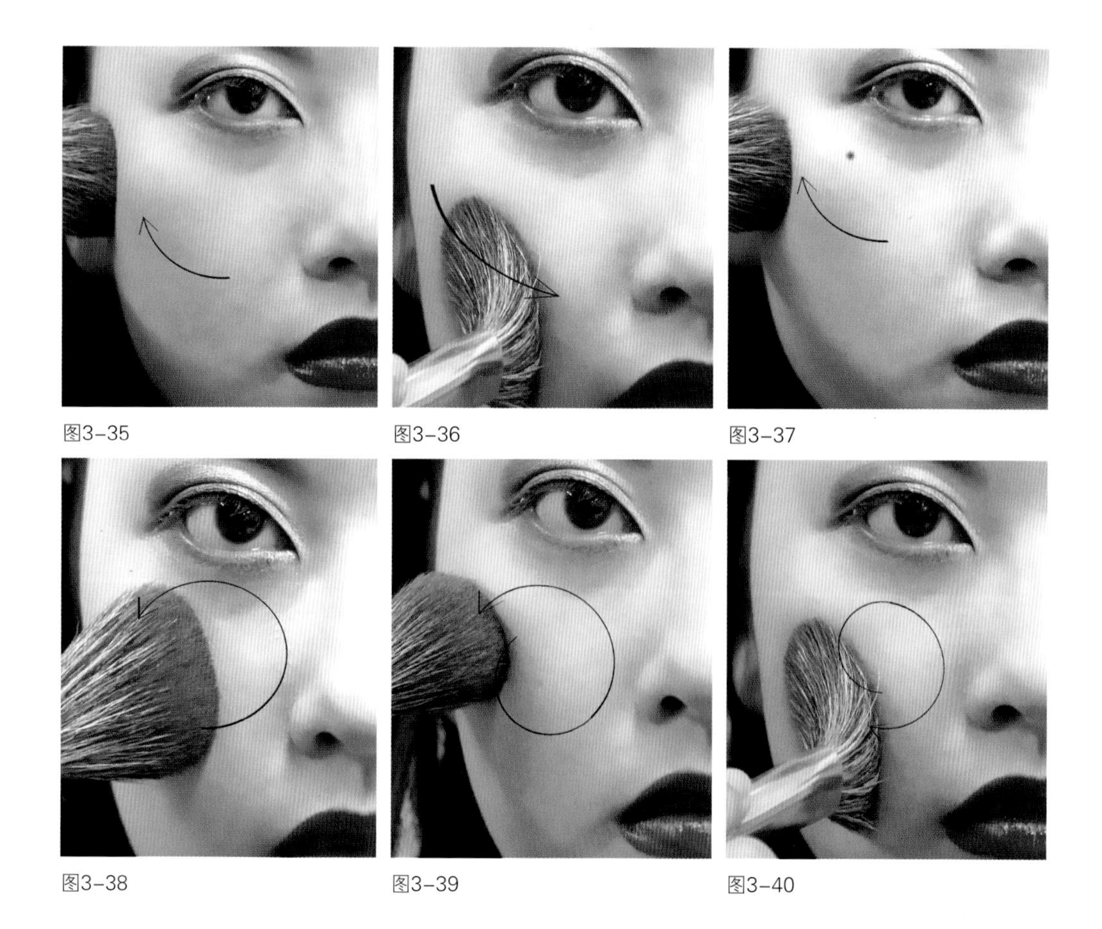
图3-35 图3-36 图3-37
图3-38 图3-39 图3-40

第二节
修饰与调整

一、眉毛的类型与修饰

众所周知，眉毛除了具有防止汗水和雨水进入眼睛的功用之外，还与面容和表情有关。眉毛的形状会随着面部表情的改变而改变，眉毛的颜色和形态同时又影响着人的脸型和相貌，它是决定脸部印象的隐秘焦点，因而也最富于性格特点。眉毛对眼睛的烘托作用也特别明显，一位美容化妆专家的比喻巧妙地说出了它们之间的关系：眼睛好比一幅图画，眉毛好比画框，画框的作用在于辅助和强调画的形状、色彩、比例和情趣。同时它还起着一种反衬作用，眼睛刚强，眉则柔软；眼睛暗淡，眉则突出。可见，眉毛对人的眼睛乃至面容的美观起着重要作用，它修饰得是否成功在很大程度上影响着眼睛与他人的沟通和情感的交流。

既然眉毛在一个人的脸上具有如此重要的地位。那么，其生长得好坏不容忽视。不管是先天生长的，还是后天形成的，我们都可以从眉型、眉色等方面入手，使自身眉形更加完美。

（一）眉毛的类型

就眉毛本身的构造来说，它是由根根立体地生长在皮肤表皮上的毛发组成的，一般由眉头、眉腰、眉峰和眉尾四部分构成，它的生长趋势是眉头和眉尾部位比较淡，眉腰部位比较浓密；眉毛的上边缘较淡，下边缘相对浓密一些。标准眉毛的眉头到眉峰的长度大约为眉长的2/3，眉峰到眉尾的长度约为眉长的1/3，眉头和眉尾的落点基本在一个水平线上。只有熟悉眉毛的生长及相应的修饰规律，才能根据眉毛的生长状况确定最贴近自己个性特点的眉型。按照眉毛和脸的比例关系，可以相对地把人的眉型分为以下几种。

1.理想眉型

理想眉型的眉毛应是呈直线向上向外延伸的，眉尾向下时则变细变疏。其长短可用以下方法来把握：眉头的位置应在内眼角垂直向上的延伸点上；眉尾的收笔则应在鼻子外侧和外眼角连接线的交叉点上，过长或过短都不合适；眉峰的位置若按照三等份来划分的话，则应在眉头至眉尾的2/3处。这样的眉型是最为理想的眉型（图3-41）。

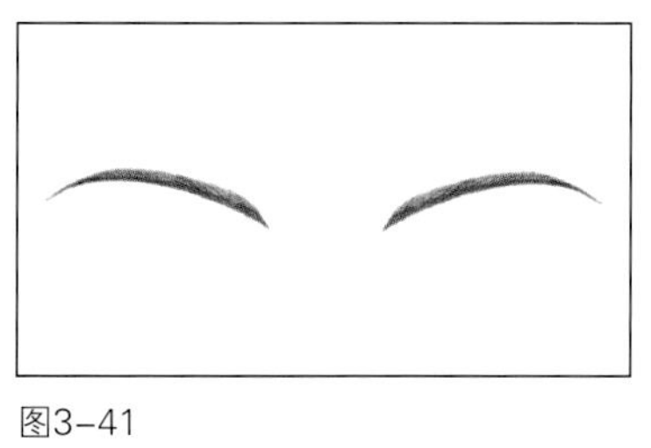

图3-41

2.下挂式眉型

下挂式眉型给人和善的感觉，但由于眉毛的生长趋势向下，也造成眼睛下挂，从而产生年龄感。其修饰要点：在眉头下半部添一点儿浅棕色，将眉峰和眉梢向上梳理，经过修饰后眉峰上扬，显得清爽、有朝气（图3-42）。

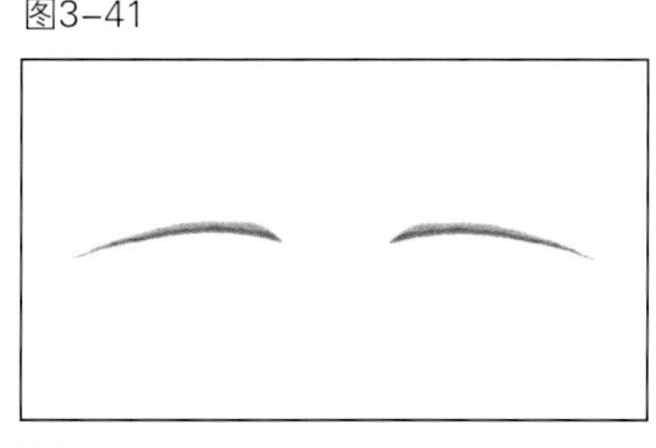

图3-42

3. 断眉

所谓断眉，指有些年轻人的眉毛间有断缺，这种断缺通常在眉峰至眉尾处，呈前边浓、后边淡的趋势，造成“断”的感觉。随着年龄的增长，眉毛变得越来越稀少，眉尾部分脱落，会出现衰老感。也有的人是疤痕引起的断眉。其修饰要点是把多余的眉毛修理掉后用浅棕色把眉峰和眉尾补齐，经过修饰后眉毛成为一个完整的形状。也可用染眉和画眉相结合的方法：先用和眉色接近的眉墨或眼影色把缺眉的部位涂上，然后用削尖的笔补上几根，这样可显得自然而真实（图3–43）。

图3–43

4. 眉头过近

眉头过近指两眉间的距离过近，这样的眉型往往给人留下内向、拘谨的印象。修饰要点：把两眉间多余的眉毛拔去，经过适当的梳理会显得纯朴可爱（图3–44）。

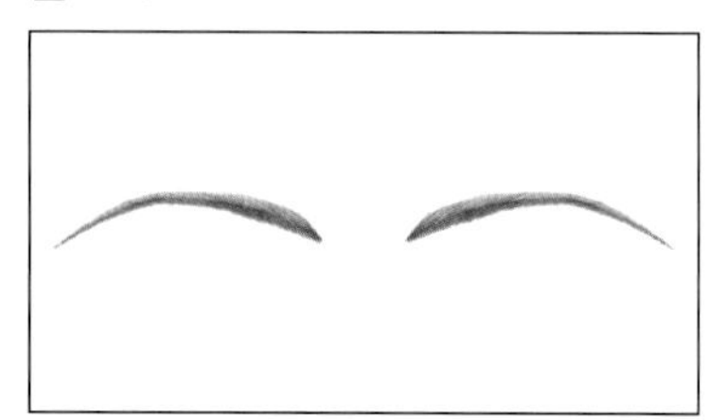

图3–44

5. 缺少眉峰

缺少眉峰一般指眉势平缓，无起伏感，若在脸盘圆润的情况下缺少眉峰，会显得面部较平。修饰要点：巧妙地添上眉峰，衔接整条眉毛。经过修饰后眉毛有了转折，增强了脸部的立体感（图3–45）。

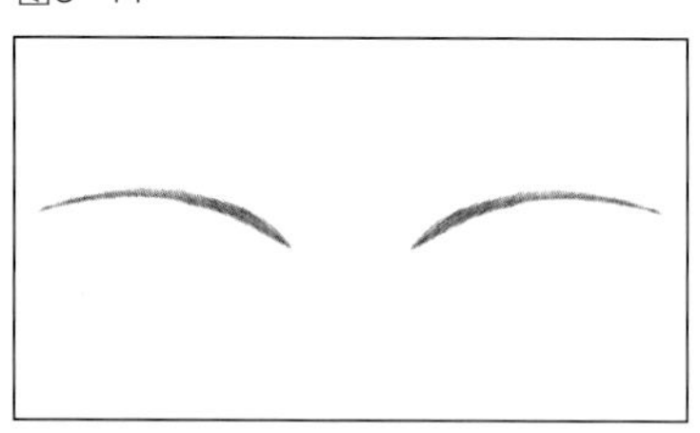

图3–45

对戴眼镜的人来说，眉毛化妆与眉位的选择很重要，如使用小框架眼镜，眉毛要画得高出框架；如使用大框架眼镜，要将眉毛画得尽量低些，以正面透视可以见到眉毛为宜，使眉毛确实起到衬托眼睛的作用。切忌眼镜框架与眉毛重合，这样则失去了眉毛的修饰作用。通过眉毛的修饰来衬托脸型，通过眉型的转折使脸部增强立体感，成功地修饰眉毛，能有效地改善五官的棱角，使面部更立体、更富有个性。

（二）修眉

眉型的修整，基本上有两种方法，即修和画。修眉和画眉时必须注意眉毛和五官的协调，不可孤立地进行。修眉时，先要选择好适合的眉型，然后用眉刷把眼眉刷顺，再用棉球蘸水或酒精清洁眼眉周围的皮肤。如用温水轻敷眉毛，还可起到松软皮肤、放松心情的作用。调整眉毛长度时，可用小剪子把垂直向下生长或过长的眉毛修剪到合适的长度，在眉头处要留长一些，靠近眉尾处则要短一些，以保持眉毛的立体感。也可以用眉镊子把多余的或眉型以外的眉毛拔掉，拔前可先抹点儿护肤霜，拔后再涂些冷霜护理。眉型不够完美的，可以再用眉笔描画、修饰一下，最后再用眉刷按眉毛生长方向轻轻刷一下，使之柔和自然。但不管怎样修饰，都应展示出眉毛的自然状态，不能给人以虚假的感觉。女性在修整眉毛时还要注意根据眉毛的基本条件做到变而不俗，细而有度，形随脸变，不离基础（图3–46）。

（三）眉色

眉毛的色彩应与毛发的颜色相对统一。一般情况下，发质浓密的人，眉毛也比较浓密，但并不意味着可以放心地使用纯黑色去描画。因为每一根毛发的颜色，实际上都包含了黑色和棕色，由于它生长在皮肤上，所以用来描绘的颜色一般是灰黑色和棕黑色，而不是纯黑色。面部五官中最突出的部位应该是眼睛，其次才是眉，如果把眉毛画成一条黑线，那么往往会使人把注意力集中在眉毛上，使眼睛显得无神，而眉的缺陷又暴露无遗。有些女性把眉毛从头描到尾，看起来很生硬，是因为没有仔细观察过自然生长的眉毛是什么样的。如果注意到每个人眉毛的自然生理趋势是有实有虚的，就不会描绘出不贴切的眉型。

（四）眉的流行

现代女性性格中独立自主、追求个性的特点，从画眉上就可以表露出来。无论是穿衣戴帽还是描眉画黛，总是想展现自己与众不同的性格。如时下很盛行的一种复古眉，可以在一些歌星、模特的脸上看到。这种又细又富有力度且极具棱角的眉型，确实时尚前卫，处理好了会显得典雅、高贵，但它只适用于晚宴、聚会等特殊场合，日常生活中并不是很提倡。当然，总有人为了展现自己的审美品位和流行风向标，哪怕日常生活中也画这样的眉型。复古眉其实对于脸型的客观要求并不高，只要愿意，都可以在脸上描绘出来。但生活中毕竟并非天天都是晚宴和聚会，更多的是淡如烟云的平凡日子。在这样的日子里，眉型还是修饰得自然、平和一些为好。在强调性格之前，千万不要忘记把握眉毛生长的自然规律，以塑造出一个和谐自然的自我（图3-47、图3-48）。

如果天生长着两条粗眉，却一味想通过画一个时尚前卫的眉来体现自己的个性，那么便要忍痛割爱，把原有的眉毛剃得所剩无几之后，再用眉笔描绘出一个新眉型。但在这里要提醒的是：这种眉型往往会留下很重的人为修饰的痕迹，其取舍靠自己决定。流行趋势唯有与实际相结合才能创造出真我的个性来。

二、眼睛的类型与修饰

（一）眼睛的类型

眼睛是传达交流感情、体现时尚风格的心灵之窗，

图3-46

图3-47

图3-48

由眉弓、上鼻翼、眼睑、重睑、上眼线和下眼线、眼睫毛构成。人的眼睛千奇百怪，总的来说不外乎下面七种。

1. 小眼型（图3-49）

小眼型的优点是显得温和、和蔼可亲。其缺点是平淡，不起眼儿，眼裂狭小。

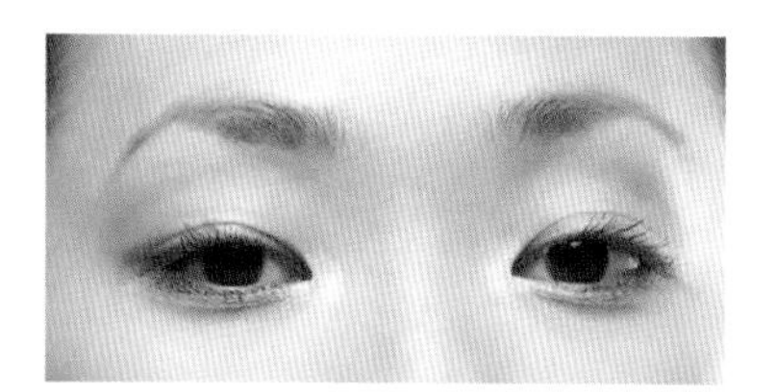
图3-49

2. 圆眼型（图3-50）

圆眼型的眼睛特别圆，内眼角和外眼角基本在一条水平线上。

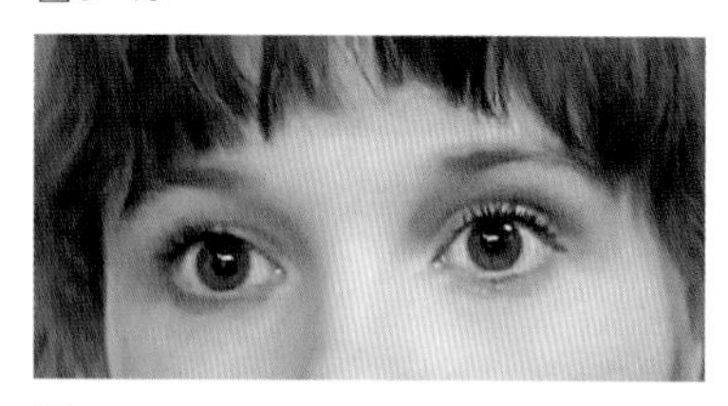
图3-50

3. 深陷眼型（图3-51）

深陷眼型是眼睑过分深陷、眉弓特别突出造成的，使人感觉棱角过于分明。其优点是显得整洁舒展；缺点是年轻时像“大人相”，年老时易显得憔悴。

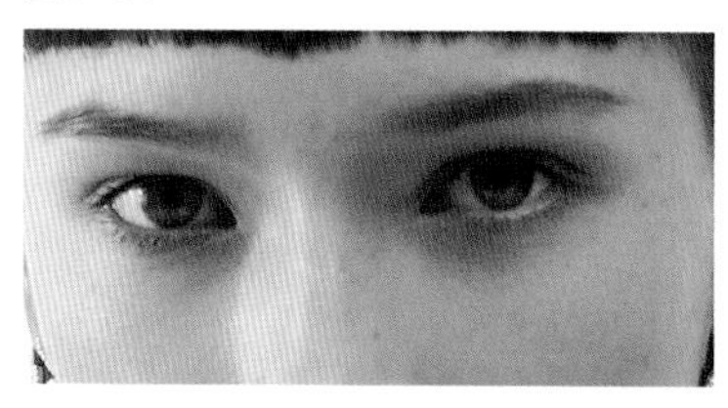
图3-51

4. 下垂眼型（图3-52）

下垂眼型的特点是内眼角高，外眼角底，容易给人以阴郁的错觉。有些眼睛因疲劳而使眼睑下垂，让人感觉有凄苦之相。

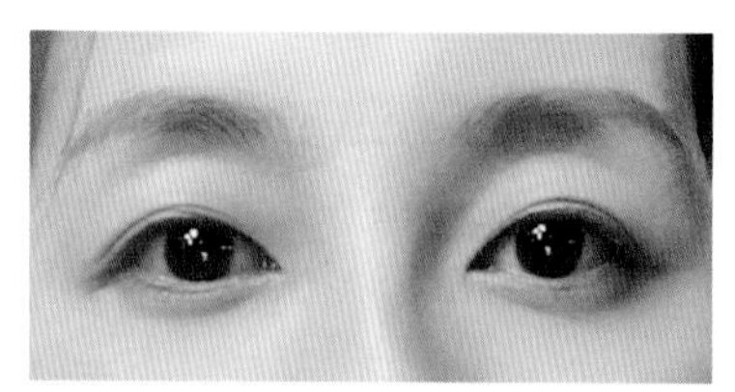
图3-52

5. 杏仁眼型（图3-53）

杏仁眼型的眼睛是最完美的。其线条轮廓有节奏感，外眼角朝上，内眼角朝下，眼睛左右两段的走向明显相反。

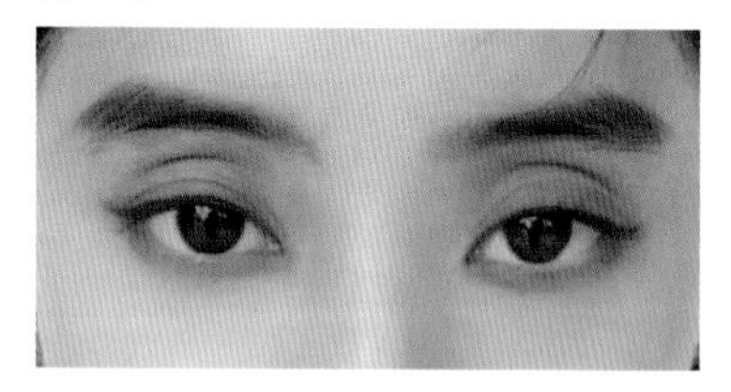
图3-53

6. 狭长眼型（图3-54）

狭长眼型又称“丹凤眼”，中国传统上认为其是最妩媚、最漂亮的形状。眼睛形状细长，眼裂向上、向外倾斜，外眼角上挑，多为单眼皮或内双。

图3-54

7. 浮凸眼型（图3-55）

浮凸眼型眼睑肥厚，骨骼结构不突出，外观有平坦浮肿的感觉。看起来不美观，给人以阴郁、迟钝之感。

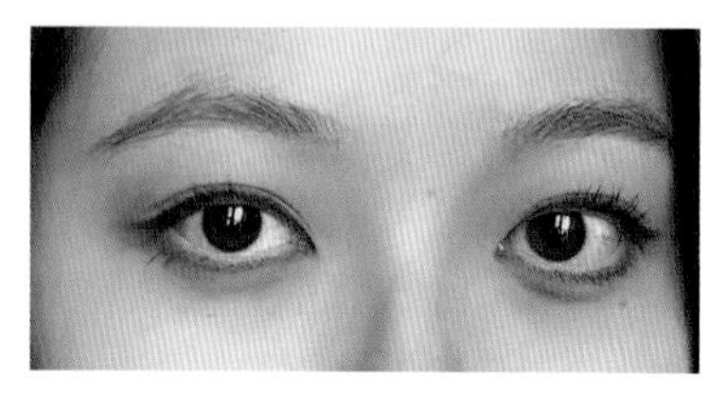
图3-55

（二）眼睛的特征

东方人的眼睛具有如下特征。

（1）眼线长度一般为26毫米左右。

（2）黑眼珠外露比例为60%~70%，缺乏神韵。

（3）双眼皮多为隐性、小型的广尾型。

（4）双眼皮的发生率不到50%。

（三）眼睛的修饰

东方人的眼睛比较平淡，存有内眦、赘皮、两内眼角距离过宽、脂肪厚、肌肉臃肿等缺陷。所以在对待东方人不同类型的眼睛时可分别采取不同的修饰方法。

1. 小眼型的修饰方法

要使细小的双眼看起来较大且充满神采，有两种画法。第一种画法是从上轮廓线起，用暗灰或灰色在上面晕染，眼线要细长，上、下眼线不交叉，这样就会如同双眼皮那样漂亮。第二种画法是加暗灰色眼影，外侧淡，界限不要分明，眼边深，眼线略细，这样通过加暗眼影增强眼睛效果，可显得更加温柔亲切。也可在上眼睑涂闪亮或浅淡的颜色，再在眼尾处涂上较深的颜色，然后涂上光影。主要是在下眼睑晕染蓝、黑色眼影，睫毛不用上翘，保持原状并涂上浓密的睫毛膏，更能增强眼睛的朦胧感。

2. 圆眼型的修饰方法

为配合圆眼型的眼睛，可在上眼睑涂上两种颜色深浅分明的眼影，形成半月形。把较浅的颜色涂在眉毛下，如橙红色；较深的颜色则涂在上眼睑上，如橙棕色。这样就形成了上浅下深的半月形眼影形状。也可以用较淡而有亮光的色泽使圆形的眼睛看起来修长一些。

3. 深陷眼型的修饰方法

这种眼型的眼影宜用亮色，眉骨用发红的褐色，亮色上方加少许发红的颜色（如紫色、粉红色），眼线要自然，这样效果会变得丰满厚实。也可以利用光影手法使眼睛看起来较为饱满突出，用浅带亮光的颜色涂在眼睑及眉毛下作为光影，再用中等至深色的眼影，如深棕色涂在眼尾处。

4. 下垂眼型的修饰方法

该眼型的补救办法是：可把鲜艳的颜色涂在上眼睑上，并延伸至眼尾，然后用亮光或较淡的眼影直接涂在眉毛与上眼睑之间。注意内眼角要加眼线，并可稍加褐色眼影；外眼角则用褐色晕染，下眼线向外眼角挑起。如此，可显老练稳重。另外，也可从内眼角起加眼影，在下眼睑外眼角处画出眼影和眼线，营造天真活泼之感。

5. 杏仁眼型的修饰方法

可选择自己心爱的颜色涂在上眼睑（皮）上，延伸至轮廓线处，再用较深色调的同色系列眼影在上眼睑上到眼角处斜涂至眼下，最后在眉毛下、上眼睑上涂淡淡的色调作为光影。

6. 狭长眼型的修饰方法

先在眉下涂上光影，将上眼睑部分垂直地分为两部分，在前眼角靠近鼻子的部分涂上浅而带亮光的眼影，然后在另一部分涂上较深而柔和的色调。

7. 浮凸眼型的修饰方法

要使眼睛看起来较为深陷，可在上眼睑涂冷色，这样会显得清爽，可用单色调眼影涂在上眼睑上及眼梢处，如棕色、暗灰色等。眼影最好呈带状，眼线要细，这样会显得整洁深邃，给人一种冷静的印象。

三、脸型的类型与修饰

就美学观点而言，一个人从头到脚都有美与丑的问题，但摆在首位的就是脸了。脸在人体美学上占有重要位置。其实人的脸是没有严格的美学标准可遵循的，时代、民族、国度及文化素养不同，美人的标准也会不同。例如，墨西哥人崇尚窄窄的额头；西班牙人喜欢瘦削娇小的身材；古埃及人则把大眼睛作为美人的标准，他们常常用画线来加长眼睛外形，并追求脸部线条分明。而中国人则把容貌靓丽、肌肤细腻看作“美”的化身。中国古代美人的标准即强调肌肤白嫩柔软，颈长齿齐，额广眉曼，即所谓“远而望之，皎若太阳升朝霞；迫而察之，灼若芙蕖出渌波”“却嫌脂粉污颜色，淡扫蛾眉朝至尊”的美。这种美，既追求自然、多变，又讲究表服从质、形顺应神。

随着社会生活的变化，现代美人的标准也已贴上了时代的标签，人们更倾向于崇尚轮廓分明的五官，崇尚线条流畅、带有英姿的现代气息。化妆是一种富于创造的造型艺术，也是一种能够利用人类眼睛错觉的容貌改变术。要求根据不同对象的不同面容条件，运用化妆手段，扬长避短，创造出高于自我的崭新容颜。著名影星索菲娅·罗兰（Sophia Loren），创造性地运用突出、掩盖、弥补的技巧，从而形成极具个性色彩的独特妆容。这说明化妆只要掌握好每个人的特点，体现个人的风格个性，就能表现出无尽的魅力。

（一）脸型

脸型在化妆中具有非常重要的地位。所以，掌握每个人的脸型特征显得尤为重要。一般而言，人的脸型可分为以下七种。

1. 菱形脸（图3-56）

菱形脸的特征是颧骨突出，额头和两腮较窄，双眼通常比较贴近，两颊宽阔，上、下较窄。这样的脸型往往会让人产生不舒服感。

图3-56

2. 圆形脸（图3-57）

圆形脸的主要特征是“圆”，通常给人留下可爱、亲切的印象，如圆圆的眼睛、圆圆的下颌等。眉毛和额头、嘴和下颌等部位通常比较贴近，两颊多肉，颧骨不明显。

3. 长形脸（图3-58）

长形脸的脸部较长。有的是额部长，有的是下颌长，给人脸长而不柔和的感觉。因为长，显得整个脸窄。不过只要化妆得当，这种脸型可给人以沉静、高贵且温柔的感觉。

4. 方形脸（图3-59）

方形脸的脸部线条较直，方方正正，额头宽，面颊也宽，下颌稍显狭小，缺乏温柔感。

图3-57

5. 倒三角形脸（图3-60）

倒三角形脸的下颌比较尖，具有上宽下窄的特征，额头较宽、下颌较尖，会给人忧愁的感觉。

6.正三角形脸（图3-61）

正三角形脸上窄下宽，额头窄小、两腮方大，给人以沉着大方又威严的感觉，可运用暖色调强调本身的沉着、大方、亲切。

7.鹅蛋形脸（图3-62）

鹅蛋形脸颧骨较不明显，脸型长短、宽窄配合最适宜，这种脸型又称为标准脸型，被公认为最匀称的，因此无须利用化妆作出改善，只要用一般的化妆方式保持自己美好的皮肤就可以达到美的效果。

图3-58

图3-59

（二）脸型对化妆技巧的要求

不同脸型对化妆技巧的要求是不同的。每种脸型都有自己的优缺点。在化妆时，一定要针对每个脸型设计出完全符合并能扬长避短的妆容。针对不同的脸型有以下化妆技巧。

1.菱形脸的化妆技巧

菱形脸在化妆时，一定要想办法增加上、下的宽度，削弱颧骨的高度。掌握涂腮红的技巧，可以减弱脸上、下的宽度。涂腮红时要以颧骨为中心，以打圆的方法进行，并且在打粉底时，额头和下颌要采用浅一度的色彩，而两颊则要采用深一度的色彩。如此，可适当调整脸的“尖”度。

2.圆形脸的化妆技巧

圆形脸的人化妆时，主要是增强轮廓感、立体感，宜采用比肤色略深的颜色，使脸部显得紧致些。自耳朵前方到下颌处，要画上阴影，这样可使脸部具有细窄感。如果从颊骨的中心向眼睛的侧面画长弧形腮红，再配合下颌部分的阴影，效果会更佳。圆形脸且肤色偏黄的人，颊红要用大红或朱红，从颧骨后方往长打，成为长条状，这样可使脸显得长一些。眉毛

图3-60

图3-61

图3-62

需画得不粗不细且缓和，末端略提高，眉毛的长度可画得略长一些，最好把眉毛描画成鹅毛形，这样看起来既活泼又俏皮，格外惹人喜爱。眼影采用暗色且向眼尾方向推抹开，然后沿着眼骨画上褐色，再将这种褐色移至鼻影处。鼻梁部分要使用光亮的化妆品，这样才能使脸部有立体感。圆形脸的人化妆，还应在双颊外侧及眼部不太显眼处涂上较深色的粉底。使用口红时，应很鲜明地画出嘴唇的轮廓，但所画的形状不能似玫瑰花瓣，那样会使脸显得更圆。

3. 长形脸的化妆技巧

长形脸修眉时眉毛应呈圆拱形，从眉头至眉峰的2/3处画直些，且眉峰不宜太高，眉尾可稍画长一点儿，类似一字眉，避免末端向下垂，且只在眼睑上抹眼影。假如需要画眼线，应在眼睑中央画深一些，并且在眼角处向上描。在颧骨顶端抹上较深色的粉底。长形脸不适合涂太明显的鼻影，应以自然为宜。在两腮和下颌部位加上深色粉底，可使脸不会显得太长，看起来比较秀气。画唇时，上唇不要画得太丰满，下唇可画得丰满些。

4. 方形脸的化妆技巧

在为方形脸化妆时，一定要弱化“方”的感觉。修眉时，要注意眉峰不宜太明显。至于眉型，一般标准眉型或角度眉、折眉皆可。画眼线时，可将眼睛画得圆一些，在宽大的两腮和额头两边加深色粉底，两颊颜色刷深、刷高或刷长。额头中间和下颌加白色粉底，另外还需强调唇部的妆彩，把上、下嘴唇画圆些。这样方形脸就会显得修长，表现出温和的特质。

5. 倒三角形脸的化妆技巧

倒三角形脸画眉时应以细眉为主，眉头与眉尾平行，画法与标准眉型相同。眼线依眼睛形状来画，需明显些。在颧骨、下颌和额头两边用深色粉底造成暗影效果，于脸颊较瘦的两腮处用白色或浅色粉底来修饰，使整个脸看起来更丰满、明朗。

6. 正三角形脸的化妆技巧

正三角形脸化妆时眉毛宜采用自然眉型画法，即把眉毛加粗，眉尾处比眉头稍高，画椭圆形眼线。在两腮较宽部位加深色粉底，使该处显得深凹，以弥补下脸部宽大的缺陷；在狭小的额头和下颌处加上白色粉底，使它们突出饱满。嘴唇可描绘得丰满些，下嘴唇不宜画成圆形。

7. 鹅蛋形脸的化妆技巧

鹅蛋形脸属“标准脸型”，在化妆时可以随心所欲地设计自己想表达的妆容。如眉毛的画法完全可以抛开旧有的观念，依据流行加以改变。

（三）发型与化妆

头发是自然性、生理性的，而发型是文化性、审美性、情感性的。它是人终生不离的装饰品，不管发式是讲究的还是随意的，总是与妆容息息相关，它是完美妆容不可缺少的一部分。在这里单独提出来，就是基于其在美容当中的独特地位。

化妆与面相、发式与脸型都是相互影响、相互制约的。化妆要研究面相的感觉和五官的局部特征，而发式需要明了脸型与头型的整体轮廓，更要有完形意识，使得发型能更好地为脸型服务。去美发店的时候，好的发型师一般都是根据脸型提出建议，尽量做到时尚与实际并重。长形脸一般额前发际线比较高，有的发际线虽然不高，但因脸庞清瘦或五官位置不够匀称，也会产生长的感觉。圆形脸的额前发际线一般比较低，耳部两侧都比较宽，脸部肌肉丰满。鹅蛋形脸又称椭圆形脸，与瓜子脸近似，轮廓匀称，被认为是女性的完美脸型（图3-63）。方形脸则被认为是男性的完美脸型。菱形脸和三角形脸是不匀称的脸型。人的头型有大、小、阔、扁、圆之分；脖颈则有长、短、粗、细之别（颈也应被看成头部效果的一部分，因为颈部细长，头就显得大些）。面部、头部和颈部的综合视觉效果是最重要的发式依据，有时单项是一种感觉，整体又是另一种感觉。例如，脸是椭圆形的，但是枕骨部很突出，从侧面看脸就不是椭圆形的了，这就是一种需要重塑的不规范造型。

图3-63

发型可以起到调整整体视觉效果的作用，力求使各种头部轮廓效果和谐，与服装的风格一致。例如，脸长的人，额前刘海儿应向两鬓拉开，也可把两旁的头发烫卷，使窄脸型显得宽些；而脸短的人，则要使自己的头发高耸或蓬松；圆脸的人可利用侧分发界，让头发自然地垂在两旁，头发会遮掩过圆的面部；高额头的女性，可用刘海儿把额前遮掩起来等。用发型来重塑头型有以下几种方法。

（1）遮盖法：主要是利用头发组成适合的线条或块面，以弥补头、脸形状与轮廓的不足。

（2）衬托法：利用一种发型来突出头、脸形状的特点。

（3）填充法：借助饰物来调整头部形状，如扎结花式、发夹、插花或衬假发等，以尽量使某些瘪塌、凹陷的部位显得饱满些。

从总体上说，除了演出和必要的应酬场合之外，任何发型都应以简单、舒适、方便为主。如果某种麻烦、娇贵的发型需要不时地关照，那么发型就变成了生活中的额外负担，这是完全没有必要的。自己的日常发型需要从实践和错误中探索出来，这种付出是值得的。要想找到适合自己的发型，要与发型师共同研究，但不要轻易接受发型师的流行观点，因为发型会在很大程度上改变一个人的形象，除了必要的演出需要，应该有明确的个人看法。

四、完整妆面的调整

化好妆后，仍需要一个调整的过程。仔细观察眉毛是否在同一水平线上、眼影范围是否大小相同、腮红打得是否对称、眼线画得是否粗细一致、唇部勾勒得是否圆润等。在进行了上面的检查之后，若没有发现所谓化妆中的“硬伤”问题，则需要对妆容进行最后一次定妆。此定妆不同于开始打完粉底后的定妆，它实际上起着一种均衡肤色的作用。

本章小结

一、重点是理解化妆中的局部与整体的关系。

二、难点是如何根据不同的眉型、唇型、脸型加以调整与修饰。

思考与练习

一、按照化妆步骤，完成一个妆容的设计。

二、针对不同步骤分步、分阶段完成，并找出每一步的重中之重。

三、脸型和发型的协调性处理技巧。

四、如何在脸型、眉型、唇型之间进行最合理的妆容设计。

第四章

Part 4 时尚化妆中的色彩技法

课题名称： 时尚化妆中的色彩技法

课题内容： 1.化妆品的色彩特点

2.眼部化妆的色彩技法

3.面颊化妆的色彩技法

4.唇部化妆的色彩技法

5.化妆色彩的整体协调性

课题时间： 10课时

教学目的： 使学生掌握色彩的主要特征，明确色彩和光线及整体搭配的关系，认识色彩的冷暖关系和人的心理感觉的相互作用，着重对眼部、面颊和唇部进行合理搭配。

教学方式： 讲授色彩的基础知识，并利用模特进行冷暖色彩的妆容示范，使学生树立色彩搭配的整体观念。

教学要求： 1.掌握色彩的基础知识。

2.正确分辨色彩的冷暖关系。

3.树立妆容色彩协调性的整体观念。

4.熟练掌握眼部、面颊、唇部化妆的色彩技法。

课前准备： 了解色彩的基本知识。

第一节
化妆品的色彩特点

对美术绘画来说，色彩选择得当，绘出的图画会使人赏心悦目；如果色彩运用不当，则会使绘出的图画极不协调，有失美感。同样，化妆色彩的运用也像绘画一样十分重要。化妆色彩与个人肤色相协调是挑选化妆产品的首要步骤。事实上，妆容中色彩与色彩之间的协调性也是需要注意的环节。

无论是服装，还是彩妆（眼影、唇膏、腮红等），都会运用到“色”。颜色运用不合理就达不到预期效果，颜色运用到位则会起到事半功倍的作用。因此，整体形象设计应先从了解色彩、恰当运用色彩开始。

一、色彩的三属性

色彩的三属性指色相、明度、纯度。色相是指色彩的相貌，也就是某一色独有而区别于其他色的表象特征，也称色素。色相是根据波长的长短来定名的。明度是指色彩的明暗程度，包含两个意义：每一种色相本身明暗程度的浓淡差别，同一种色相受明、暗程度的影响。如将色相按依次渐暗的顺序排列，为白、黄、橙、绿、红、青、蓝、紫、黑。纯度是指颜色中色素的饱和度，也称色彩的彩度（指颜色的鲜艳程度）。

二、色彩的分类

现有色彩一般分为三大色系，即有彩色系、无彩色系、独立色系。所谓有彩色是指除黑、白、灰以外的其他颜色，分为纯色（赤、橙、黄、绿、青、蓝、紫）和一般色。一般色包括清色（纯色+白色）、浊色（纯色+灰色）、暗色（纯色+黑色）。而无彩色，即黑色、白色、灰色，又称极色（本身没有彩度，只有明度）。独立色指金色和银色。在色相环上，180° 对角的颜色，是最大的互补色，也是最大的对比色。任何色彩都能通过三原色（红、黄、蓝）的调和来获得。另外还有间色和复色，间色由三原色中的两种色调和而来，分别为橙（红+黄）、绿（黄+蓝）、紫（红+蓝）；复色则是第二次间色，即由三种以上的颜色调和而成。

三、色调

色调即色相与色相之间组成的色彩效果。从色相上分，一般为红调子、黄调子、绿调子等；从色性（冷暖性）上分，有冷调子、中间调子、暖调子；而从明度上分，则有亮调子、灰调子和暗调子。

四、化妆中的妆色系

在化妆当中有常用的两大妆色系，即粉红色系和金黄色系。粉红色系指粉红、蓝、紫、紫红、蓝紫、玫红，金黄色系有黄、橙、黄橙、绿、黄绿、蓝绿、咖啡色、红橙、橘、褐。要保持妆面的平衡感，整体颜色应在同一色系中选择。需要使某个部位突出或显得明亮时，可在原来的颜色上加白色或使用同色系的浅色。胭脂颜色太深时可加白色调和，妆容色太浅时可加褐色；如果想要红色变得深一点，可加棕色或褐色；褐色可用蓝色和棕红色调配。这些在同色系中的选用，协调性更强。如果用不同色系对同一容颜上妆，则很难达到统一的效果。

第二节
眼部化妆的色彩技法

在国内，许多女性把化妆的重点放在"嘴"上，以为涂上唇膏就是化了妆，而这完全是错误的。化妆的重点是眼睛，尤其是"眼睫毛"的化妆，国际上称其为"第一化妆"。无论何时，眼睛都是化妆的重点。

一、眼部化妆步骤及注意事项

不管人的眼型如何，化眼妆的过程总是差不多的，只是着重点不同而已。

（一）定方案

对着镜子，仔细观察自己的眼睛或模特的眼睛，根据眼睛的实际情况设计画法，选配颜色。若眼睛既带有杏仁眼型的特征，又具备圆眼型的特征，可按照杏仁眼型的画法对眼睛加以刻画。就是说，在定方案时，要尽量向完美眼型靠拢。颜色可根据穿着的服饰和眼睛的浮凸选配。

（二）涂眼影

在粉底的基础上施眼影，不要直接涂于眼皮上。单眼皮从眼线以上、双眼皮从褶皱以上开始涂眼影，以暗色调为主，加强立体感。接近眉毛处涂亮色，并用眼影刷进行适当衔接，形成立体的眼型。完成后的眼型应根据服饰色彩进行最终的调整，颜色不宜繁杂，以一种色调为主，辅以其他色调，并用眼影刷进行涂抹、晕染（图4-1～图4-3）。

图4-1

图4-2

（三）画眼线

眼线的描画可以强化眼睛的轮廓。眼线的深浅、长短、粗细，决定着眼睛的形状和神采。比如，紧贴着睫毛根部画一条细细的眼线，可令眼睛变得大而明亮；而在细细的基础上，在外眼角处适当地挑高眼线，会令眼睛显得活泼、俏皮。再比如，紧贴着睫毛根部画一条粗粗的、黑黑的眼线，会让人觉得眼睛特别有神。画眼线时，运笔不要颤动，可将肘部撑在桌上，像拿毛笔一样握住眼线笔，笔尖斜着贴近睫毛根部，运笔时可用小指轻抵面颊作为支点，画出匀滑的线条。眼线不要全部涂满，应上眼线粗下眼线细，眼尾处绝不相连，下眼线一般从外眼角向内眼角画，画出1/2~2/3即可（图4-4）。

图4-3

图4-4

（四）涂睫毛膏

先用卷睫毛器将睫毛夹卷翘，然后再涂睫毛膏，一次不要涂得太多，避免粘连。如有需要，待干后可再涂一遍，直到满意为止。涂睫毛膏时先刷上睫毛，后刷下睫毛。刷上睫毛时视线向下，先将睫毛膏涂于睫毛梢，然后再由根部向梢部涂，边涂边转动毛刷，可先横扫，再顺睫毛竖拉，这样效果更均匀。刷下睫毛时眼睛向上看，毛刷竖起来，一根根左右拨动睫毛梢，再顺睫毛涂抹。如果自身睫毛实在又短又稀，可以贴假睫毛。假睫毛最好修饰得自然一些，用胶合剂在其根部涂一条线，待五六秒后，黏合力最强时，在距内眼角1毫米处沿自己的睫毛根部粘贴，先固定中央，后随眼形贴紧。为了显得自然，上、下睫毛都要涂上睫毛膏（图4-5）。

图4-5

生活中一般选用棕色等柔和色系来修饰睫毛，但是如果想要眼睛更明亮的话，还是选用黑色为好。黑色是适合东方人使用的颜色。参加宴会时，可以选用蓝色、紫色等颜色的睫毛膏来修饰，有助于打造出各种夸张的造型。

（五）修整眼妆

上述工作完成后，可对镜观察，根据自己的眼型确定修饰的部位是否合理、颜色是否恰当、眼线粗细是否适合，并调整双眼平衡，不要有大小及颜色等差异。

二、眼型的修饰与风格

每个人都可根据自己眼睛的特点和想表现的风格，选择不同的眼影色来修饰眼睛。一般而言，眼部涂染眼影部位的不同，所产生的效果也不一样。

（一）涂于眼睑沟内或眼周

在眼睑沟内或眼周涂深色眼影可强调眼睛轮廓，使眼睛显得更深邃；涂浅色眼影，可使双眼皮更加明显，眼睛也显得更有神。

（二）涂于眼睑

从上眼睑缘至眉毛下沿全部涂染眼影，可使眼影色突出，吸引目光。如在上眼睑涂深色眼影，由深到浅逐渐过渡到眉毛下沿，可强调眉毛到眼睛部分的凹凸结构，使眼睛饱满、立体。

（三）涂于眼角

可调整两眼的距离，改变眼形。如在内眼角涂深色眼影，可与鼻型融合，加强鼻梁效果，拉近眼距；涂浅色眼影则强调眼角形象，并拉开眼距。如在外眼角涂深色眼影，可改变眼睛外形，使眼睛结构清晰明确，更加迷人。

三、眼影色的象征性

在生活中，不同的场合需要用不同的妆容来表达自己的心情，以和自己所处的环境相称。这就需要了解不同眼妆各自所表达的意义。

（一）红色

红色可表现兴奋、热烈、激动，是暖色。用柔和的淡红色可以强调眼睛的明净、可爱和温柔（图4-6）。

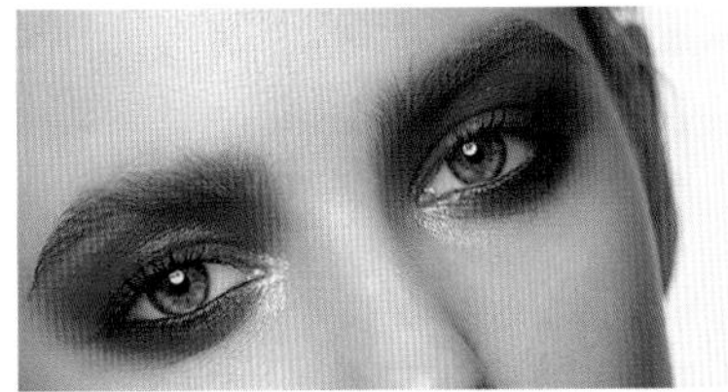
图4-6

（二）蓝色

蓝色表示沉静、安详、深远，是冷色，可作为装饰色，与服饰色调相呼应。淡蓝色眼影涂于双眼皮内，并在外眼角处加深，可使眼睛显得清丽、夺目、冷艳（图4-7）。

图4-7

（三）绿色

绿色表示活泼、幼嫩、青春，是中间色。淡绿色可涂在双眼皮内，也可作小面积的点缀。深绿色涂于眼尾，可显得成熟，突出气质（图4-8）。

图4-8

（四）紫色

紫色有神秘、明艳、夺目之效，是中间色，可增添眼睛的妩媚，显得肤色更加白皙。眼尾、眼头都可使用（图4-9）。

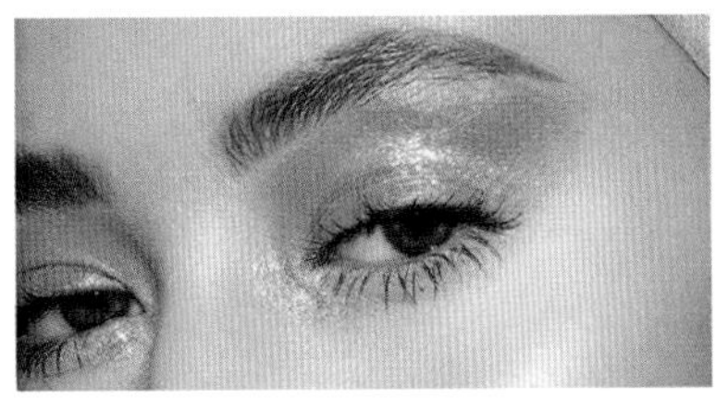
图4-9

（五）棕色

棕色显得沉稳、大方、自然，是中间色，最易与肤色、服色相协调。棕色涂于眼睑可强调眼形轮廓，涂于眼尾可改变眼形（图4-10）。

图4-10

（六）黄色

黄色表示明快、欣喜、活跃，是暖色调，可作为明色来突出结构。橙黄色作为装饰色，可使眼睛明亮动人，还可调整面色（图4-11）。

图4-11

（七）珍珠色

珍珠色是过渡色，清雅、明亮，可作为明色来突出结构，也可作为眼影色。珍珠色配蓝、紫、棕等色，可显出自然、高雅的气质（图4-12）。

图4-12

（八）金色

金色属于过渡色，常用来突出结构，如配合绿色可显得成熟、娇俏，配合粉红色、粉蓝色可显得活泼、热情、靓丽（图4-13）。

图4-13

（九）白色、黑色

黑、白色是极色，分开使用可突出眼部结构。白色可作为亮色，黑色可使眼睛显得坚定、深邃，配合使用可改变眼型，突出风格和气质（图4-14）。

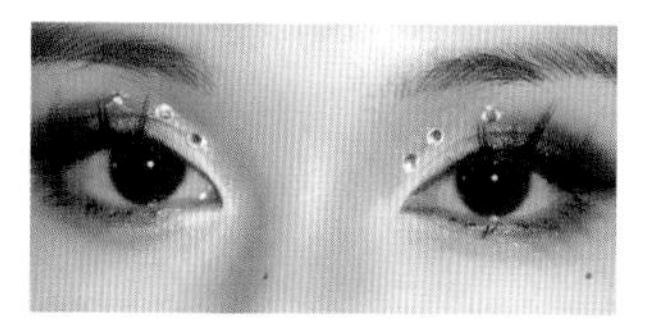
图4-14

眼部化妆使眼睛在色彩和形状上更加美丽，它不是简单的眼睛装饰，而是为了更加完美地衬托眼睛的神采。如果人们只注意到使用的眼影而不是注意眼睛，那么这个眼妆就是彻底失败的。而在适当的部位使用一些无光泽的中间色眼影则能够吸引别人的注意。眼部化妆是需要掌握的最奇妙的化妆术，需要通过反复实践来寻找适合自己的技巧。

眼部化妆艺术的关键是要成功地创作出一种幻觉，要能够最大限度地弥补眼部外观缺陷——即使别人并不认为这是缺陷，使眼睛变得更漂亮、更年轻、更明亮、更富有表情。

第三节 面颊化妆的色彩技法

化妆对眼睛的修饰体现出一种灵动的美，而对面颊的化妆则是一种具象美的演绎。女性由于脸型、气质、爱好等各方面的不同，对脸部化妆的目的也各有不同。在化妆前，首先要清楚地知道自己化妆的意图，从面部及自身整体的实际情况出发来塑造，达到想要的最终效果。

掌握了修饰脸型的要领，通过对面颊的修饰，可以使天生丽质的人更添风采；通过弥补天然脸型的不足，也能让对自己不是很满意的人获得理想的效果。在面颊再塑造中，利用色彩造型能让圆润的脸颊立体起来，也能让原先苍白的脸颊红润起来，这些改变在脸颊塑造艺术中都是合乎情理的。

事实上，为了使面颊的轮廓更加美丽，常常需要采用不同的化妆色彩与化妆技巧，在这里，色彩起到举足轻重的作用。因为进行面部造型和增加面部色彩都是通过涂抹腮红实现的，所以在进行面颊化妆前，首先要解决的就是腮红色彩的选择问题。像选择眼影色一样，必须根据自己的脸型和肤色来选择相应的色调。一般而言，腮红在整个脸型中起着承上启下的作用。所以，腮红的选择是一个非常重要的事情，像粉红色、橙色、浅咖啡色等都是比较适合的色彩。

在确定了自己肤色的基调、选择好相应的腮红后，接下来还要根据自己的脸型来确定需要修正的地方。具体选择什么部位涂抹腮红才能达到理想的化妆效果是面部化妆的关键，在这里还有一个涉及人体结构学的问题——有不少女性都往往把腮红画成一条直线，这样是极不符合人体结构原理的。人体颧骨生长的方向并不是呈直线垂直向下的，用手轻轻按住颧骨，感觉颧骨生长的方向，就会发现颧骨从后到前略呈曲线状。因此，在用腮红美化颧骨的时候，应该在颧骨下方呈曲线状涂抹腮红。这是每个爱美女性都需要知道的一个理论常识。

懂得了这些基本理论常识后，就可以对面颊进行具体修饰了。实际操作可分三大步骤来阐述。

一、打粉底

在清洁面部后，配合服饰色彩并根据肤色涂抹相应的粉底，粉底以薄、透为佳，液状或霜状粉底皆可。粉底色要较自身肤色稍浅，涂抹时要均匀，这样才能薄、透，体现出皮肤的质感。嘴角、鼻翼、眼角、发际边缘、脖颈等处，要仔细打匀，以保持自然的皮肤质感，统一整体肤色。特别是老年人，在涂抹粉底时一定要仔细，最好选用液状粉底，以免粉底嵌入皱纹，使皱纹更加明显。

二、打腮红

可利用腮红刷蘸上少许与眼影色同色系的腮红，沿着腮部向面颊的部位（横竖扫法）轻轻晕染，使面部呈现出健康红色。日妆的腮红颜色要自然，不宜太红，不要在颧骨的位置涂成一团红色，个别时尚妆可以在颧骨的部位涂抹，但要有层次（图4-15）。

图4-15

三、定妆

定妆粉要选用透明度较好的散粉，因为散粉能吸取多余的油分，使妆容持久。此外，定妆粉要与粉底颜色接近。利用粉扑定妆时，动作要柔和、轻巧，多余粉末可用扇形刷轻轻掸掉。

以上阐述的只是面颊化妆的一般步骤。事实上，为了强化或弱化面部的某个部位，在打腮红时可以利用色彩的明暗变化来处理这种强弱关系。如为了使过于突出的颧骨略收敛，可使用深浅腮红色来处理：先在颧骨上涂抹合适的冷暖色的中间色，加深颧骨色泽；再使用较大的腮红刷融合腮红色彩，消除颧骨周围的色彩线条，使色彩得以融合。如果脸型比较圆润，可以用较小的腮红刷在颧骨下方涂抹冷暖中间色，用较大的化妆刷在颧骨上涂抹亮色腮红，然后用干净的刷子融合色彩边缘，使中间色和亮色过渡自然即可。

第四节
唇部化妆的色彩技法

每个人脸上有色彩的部位是眼部、脸颊和嘴唇，其中嘴唇是最有色彩的部位。唇的颜色本身以红色为主，随着血液量的多少有时偏黄、有时偏白，不同的唇色给人留下不同的印象。嘴唇的形象往往决定了一个人的表情，这种变化的关键在于嘴角与唇山的相互位置以及唇山的距离和上、下嘴唇的厚薄比例。嘴角部分是上翘还是下挂，不但在一定程度上决定了脸型，还决定了表情。一张嘴角上翘的嘴会使脸上增加几分亲切的笑意；相反，嘴角下挂会给人抱怨、生气的印象。两个唇山的距离过近，会使上唇撅起，显得贫乏无力；同样，唇山过于拉开，会给人大大咧咧、不负责任的感觉。上唇过小，会让人有轻视他人之感；上唇过大，整张脸则会显得没有下颌。

一、唇膏的色彩类型

在选择唇膏的颜色时，要注意使用的场合和衣服色调的搭配，同时也要顾及皮肤的颜色倾向。这一点跟前面提到的选眼影色和腮红色的道理是一样的。

唇膏的色彩丰富，选择余地较大。根据三原色的特性，可以将唇膏的颜色分为两类。一类带黄色，属于暖色系列，包括红黄色、粉黄色、橙色等；另一类带蓝色，属于冷色系列，包括紫色、玫红色、桃红色等。不同的唇膏色彩给人不同的感觉。

（一）暖色系列唇膏

1.棕红色

棕红显得朴实，适用于年龄较大的女性和男士化妆，使妆色显得朴实稳重（图4-16）。

2.橙红色

橙红显得热情、富有青春活力，适用于青春气息浓郁的女性，使妆色显得热情而奔放（图4-17）。

3. 粉红色

粉红娇美、柔和、轻松、自然，适用于皮肤较白的青春少女，粉红色系倾向于明亮，有少女般的甜美和成年女性的华丽，能使妆色显得清新柔美（图4-18）。

4. 豆沙红色

豆沙红含蓄、典雅、轻松、自然，使妆色显得柔和，适用于较成熟的女性（图4-19）。

（二）冷色系列唇膏

1. 紫色

紫色高贵、神秘、忧郁、浪漫，使妆色显得极有品位，适合自信而又有优雅气质的女性。

2. 玫红

玫红高雅、艳丽、妩媚而成熟，使妆色显得光彩夺目，应用范围较广（图4-20）。

3. 桃红

桃红既柔和又冷艳，既张扬又时尚，使妆色显得既充满活力又带有一丝凉意，其适用的年龄跨度比较大。

4. 蓝色

蓝色宁静、深邃、遥远、寒冷、梦幻、智慧，其色调越深，越能使人产生无穷无尽的感觉。总体来看，其使妆色显得鬼魅、叛逆和不羁。

总之，使用色彩鲜明的唇膏，可使嘴唇看起来丰满些，同时会产生开朗、活泼、积极的效果；而使用深色偏暗的唇膏，自然会给人以稳重、优雅、智慧的感觉。在生活中，用颜色较为自然一些的唇膏，不但符合流行趋势，而且会让人觉得舒服，是大多数人的首选。东方人的唇膏颜色最好以暖色系列为主，能使皮肤看上去粉嫩、透明。

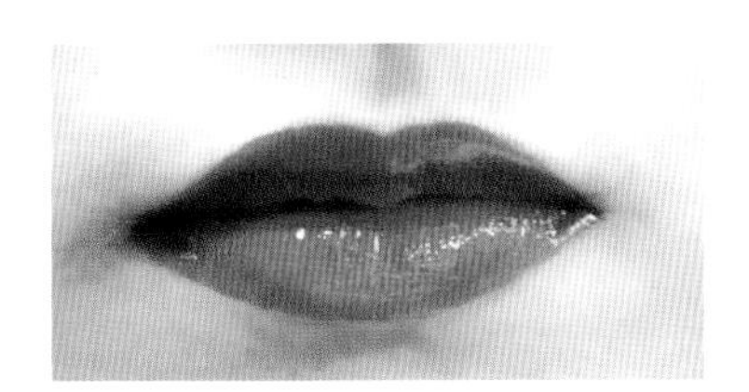

图4-16

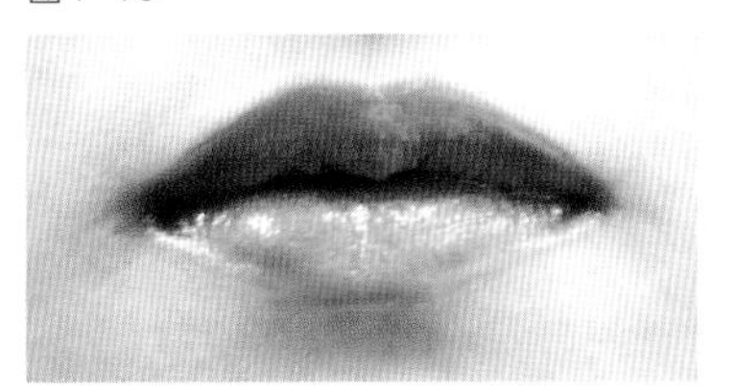

图4-17

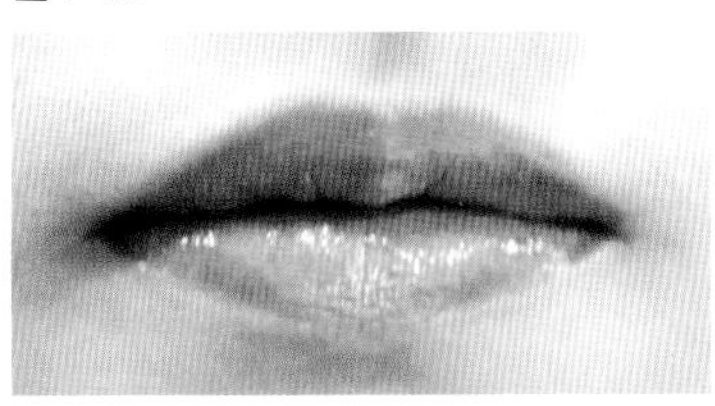

图4-18

图4-19

图4-20

此外，嘴唇上妆前需要处理一下因为干燥而起的小皮，否则会影响化妆效果。这就需要经常用润唇膏去保护它，免得在着妆时唇膏涂得不利索，造成不必要的斑驳。这是一个常常被人忽视的问题，但又是一个非常值得重视的问题。

二、唇部化妆的步骤

根据嘴唇的特点选定唇型，确定唇部化妆的轮廓，然后就可以着手画唇了。

第一步，先将嘴唇微微张开，在嘴唇上用圆点标出唇山、唇谷的位置，再采用唇线笔将这些点用圆滑的曲线连接起来。按照从左到右、从上到下的顺序画出整个嘴唇外轮廓线。嘴唇的轮廓线要力求自然，用笔力量要平稳而均匀。

第二步，唇型勾勒好后，用唇刷抹唇膏。在抹唇膏时，刷毛要弄平，用刷毛尖端的边缘均匀地沿唇纵纹涂抹。唇中部色泽稍微淡一些，可产生饱满的效果。最后用纸巾轻按唇部，吸去过多的油质。为了增加唇色的透明感，可稍涂一些珠光唇膏，涂时进行适当处理，或者只涂抹中央突出亮光即可。

三、唇部的修饰

人的嘴唇可以通过化妆来改变形状。在嘴唇的边缘有一道翻卷起来的、颜色浅一点儿的小边，改变嘴型的化妆就是利用这个部位。想扩大就让唇膏盖过它，想缩小就把它让出来，这样就不会感觉不自然了。以下通过不同的唇型，列举修饰的要点。

（一）厚唇修饰

厚唇的轮廓线要选用浅淡的颜色，并用粉底加以遮盖。唇膏要使用接近唇色的自然色，如棕色、浅褐色。轮廓线要描小些，按线内的形状涂唇膏。不宜使用亮光唇膏（图4-21）。

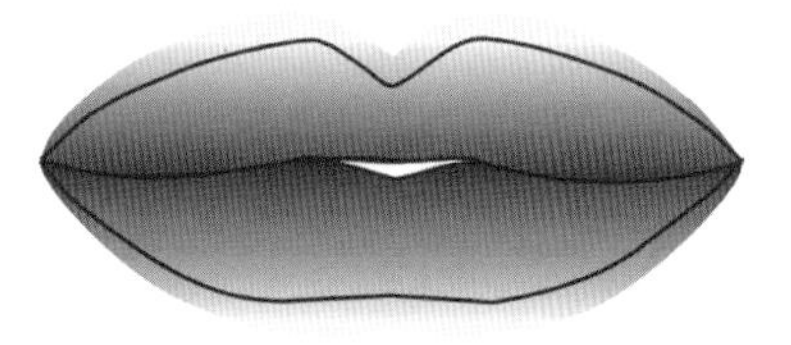

图4-21

（二）薄唇修饰

画唇线时，要选用较鲜艳的唇膏来强调唇部轮廓。轮廓线可略微扩张，主要是扩张下唇线。下唇的颜色要稍浓于上唇，唇中心的颜色要亮而浅，这样可使唇型显得丰满（图4-22）。

图4-22

（三）不对称嘴唇的修饰

有些人上唇的左右唇山大小不一致，这时可以根据脸部其他五官的比例来进行修饰。若五官比例较大，可画大唇线的比例，以保持唇部的平衡；若五官比例较小，可画内唇线来平衡唇部的比例（图4-23）。

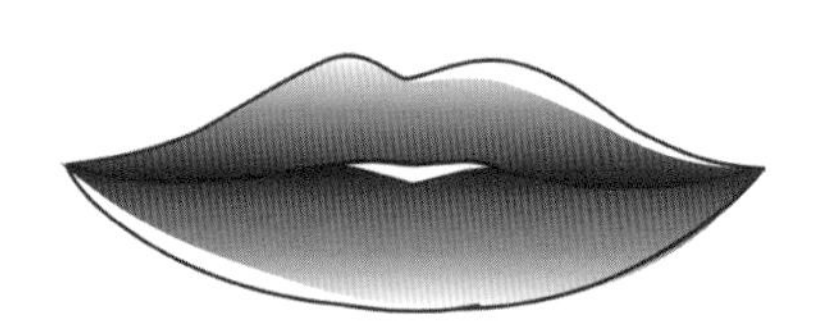

图4-23

（四）有皱纹嘴唇的修饰

上了年纪的女性，嘴唇上容易出现皱纹，涂唇膏时颜色容易集中在皱纹沟中，使皱纹更加明显，因此最好用唇线笔勾画唇线。涂唇膏前在唇上涂抹少量肤色粉来遮盖唇纹效果更好（图4-24）。

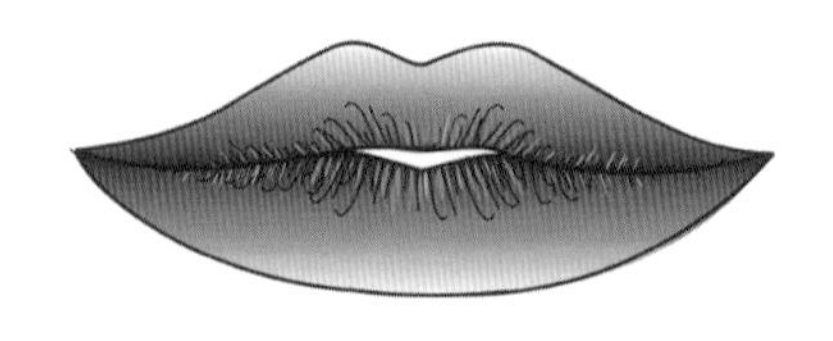

图4-24

（五）唇山不明显嘴唇的修饰

首先要确定唇山的位置。标准的唇山应在两个鼻孔的正下方，按照标准的位置画好唇山。如果唇山画出实际唇线以外，可在涂唇膏时略涂厚些（图4-25）。

图4-25

（六）下唇厚的嘴唇的修饰

特别要注意，下唇的唇膏要涂得较上唇暗些，以免突出下唇的不足，也使人忽略下唇的厚度（图4-26）。

（七）过于小巧嘴唇的修饰

嘴唇过小的要把轮廓线拉长些，并选用稍浓的唇膏，使唇型看起来长些（图4-27）。

（八）嘴角下垂唇型的修饰

此类唇型给人以沉重感、暮气感。要调整下垂的唇型，可以用唇线笔画出微翘的嘴角，亦可以把唇山稍稍提高，把整个唇的唇线略微加长。同时，下唇的轮廓线画得重些，以掩饰嘴角的松弛感。上唇上色要浓些，下唇要淡些（图4-28）。

这里需要指出的是，嘴唇是五官之一，它与脸上其他部位的契合度是化妆成功与否的关键，这一点不可忽视。

图4-26

图4-27

图4-28

第五节 化妆色彩的整体协调性

色彩搭配不仅需要考虑化妆品本身的色彩，同时要考虑使用时色彩间的相融性，还要兼顾整个妆容与个人的气质、年龄、服饰及周围环境是否协调的问题。

一、化妆色彩应与个人的内在气质相协调

化妆色彩与个人肤质相统一，只是做到了表象的协调，还须特别注意个人气质。只有做到形神兼备，才是真正的完美。每个人的气质特点各不相同，有清纯可爱型，有高雅秀丽型，也有浓艳妖媚型等。而色彩也有它所代表的特点，所以清纯可爱型者应选择粉色系列的化妆色彩，忌浓妆和强烈的色彩；高雅秀丽型者可选择玫红或紫红色系的色彩，眼影尽量不用对比强烈的颜色，以咖啡色、深灰色最合适；浓艳妖媚型者可选用热情的大红色，眼影可采用强烈的对比色，如用深绿色或深蓝色作为眼部化妆时的强调色。

二、化妆色彩应与服饰的颜色相协调

这里要注意以下几点：

（1）着浅色如粉色系列的服装，在化妆时色彩应该素雅，与服装的颜色一致。

（2）着单一色彩的深色服装，可选择邻近或对比色系的彩妆来搭配。如着绿色或蓝色服装，可选择对比色系——红色、橙色的彩妆来搭配（图4-29）。

（3）着黑、灰、白颜色的服装时，可选择较鲜艳、较深、无银光的彩妆来搭配。

（4）着红色系有花纹图案的衣服时，可选择图案中的主要色彩或同色系但深浅不同的色彩来搭配。

（5）着有花纹图案的服装，其中主要色彩是蓝、绿色系时，化妆时可采用对比或对比色的同色系的色彩来搭配。

（6）眼部化妆的色调，可选用与服装相同或对比的色彩来搭配。

图4-29

三、化妆色彩应与季节相协调

大自然一年四季，景色各异，不同的季节有不同的亮度、不同的空气湿度和温度。随着季节的变化，大自然中各种自然景色的更替极大地影响着人们的日常生活。下面就不同季节化妆时所需要注意的事项进行阐述。

随着早春的阳光洒满大地，春日气息日渐浓郁，在穿上活力奔放的新装的同时，脸色也应相得益彰，来个全面更新！春天高贵、典雅，因此春妆要体现既健康又妩媚的风貌，在选择化妆品时应该使用暖色调的色系，粉底要亮、薄，可以选用金橙色的唇彩以透出轻盈、有光泽的感觉，妆色建议使用桃红、橘红、黄色、绿色等。春天的基调以黄绿色为主，适用明亮浅色调和有温暖感的颜色，避免使用冷暗色调及黑色的眼线、睫毛膏。甜美浪漫的粉嫩佳人和碧海蓝天的阳光美女在春天里怎么也不嫌多（图4-30）。

图4-30

夏天到了，自然界中的常春藤、紫丁香花以及夏日的海水和天空等浅淡的自然颜色，构成一幅柔和素雅、浓淡相宜的画面。在选择化妆品时建议采用以蓝色为基调的颜色。浅水粉与天蓝相配合的眼影最能与夏季的气息相协调。另外，腮红、唇膏宜选用淡淡的玫红或粉红，这样可使整个人看上去越发柔美、雅致。夏天应避免色彩反差对比强烈的搭配，更要避免用黑色的眼线和睫毛膏（图4-31）。

秋季是收获的季节，给人以厚重的暖意，其浓郁的色彩更是带给人无穷的创意。因此，秋天要选用有质感的颜色，并且颜色要温暖、浓郁，如紫罗兰、宝蓝、棕色等。假如选择红色，一定要选择砖红色和与暗橘红相近的颜色，另外还可以用浑厚浓郁的金色塑造成熟高贵的形象。秋天应避免选择过于鲜艳的颜色，浓郁而华丽的颜色更能衬托出成熟高贵的气质（图4-32）。

冬天应强调色彩缤纷的感觉，可以选用红、黄、蓝、绿等色彩纯正、鲜艳、有光泽感的颜色。化妆时粉底也可略厚一些，应避免过于浅淡的颜色。冬天给人的感觉往往比较萧瑟、寒冷，所以借助眼影的运用和服装的搭配来打破冬天的单调之感不失为一种好的方法（图4-33）。

色彩技法是一门既感性又具有深度的学问，绝不是一朝一夕就可以掌握的，需要不断地探索和研究。事实上，在化妆中要真正做到形神兼备、上下整体一致，除要与上面几点协调、相称外，还有其他许多因素需要兼顾。当然，这些是本章之外的另一个话题。

图4-31

图4-32

图4-33

本章小结

一、重点是色彩技法中所要遵循的规律和原则。

二、难点是化妆色系中色彩技法的协调性和整体性问题。

三、反复摸索眼部化妆、面颊化妆和唇部化妆中的色彩技法的综合运用能力。

思考与练习

一、试述眼部化妆、面颊化妆和唇部化妆的色彩技法要点。

二、分别用色彩的冷、暖色系进行妆容的创意设计。

三、要求用三色眼影表现眼部化妆的独特性和立体感。

第五章

Part5 时尚化妆中的造型技法

课题名称： 时尚化妆中的造型技法

课题内容： 1.造型在时尚化妆中的应用

2.造型组合与时尚化妆

课题时间： 16课时

教学目的： 使学生能够根据个人的特点进行造型设计，并达到“以妆传神、以型促妆”的目的，使造型为妆容的美化加分。

教学方式： 比较教学法。在同一个模特身上设计不同的造型表现手法，让学生逐一对比，从而得出造型与化妆相互辉映的结论。

教学要求： 1.要学会正确把握造型的主要特点。

2.了解造型在时尚化妆中的重要性。

3.掌握不同造型组合与时尚化妆的相互关系。

课前准备： 简单了解“造型”一词的由来。

在时尚化妆中，为了达到夺人眼球的目的，除了常规的化妆手段外，还往往要借助造型的技巧。一般而言，化妆造型的目的一是掩藏人物形象的缺点，二是最大化地展现人物形象的优点。因此，经过造型处理过的人物形象，颇有“鹤立鸡群”之势，很容易成为瞩目的焦点。

第一节 造型在时尚化妆中的应用

造型在时尚化妆中的应用，主要是借助造型手段对化妆进行艺术化的处理，既可以是显性的，也可以是隐性的。随着科技的不断发展，显性与隐性的处理方式已相互渗透、相互交叉，没有了孰轻孰重的意味。时尚化妆中的造型可分为以下几大类。

图5-1

一、植物造型

植物造型是运用月季、百合、玫瑰、薰衣草、满天星等植物的互相搭配来突出妆容中的自然、清新之味，让整个造型变得甜美可掬、清纯动人（图5-1～图5-6）。无论是杏花微雨妆、林间精灵妆、清新雏菊妆，还是梦幻玫瑰妆、森系桔梗妆、干花蝴蝶妆，都是化妆师巧用各式植物并结合自己的创意而设计的时尚妆容。

（一）杏花微雨妆

此妆面属紫粉色系的粉嫩淡妆。紫粉色珠光眼影搭配蓝色美瞳，使眼神犹如天女精灵般清澈无辜。被提亮的唇部更突出，娇嫩的粉唇上微微珠光，高光提亮鼻头、眼头，增添了妆

图5-2

图5-3

图5-4

图5-5

图5-6

图5-7

容的清透感，使整体显得清纯又仙气。发型设计与妆容上的紫粉色调相呼应，鲜花杂而不乱地插在发丝中，把人衬托得清丽脱俗，微卷的几缕发丝飘逸在额处，显得面部更有灵动感（图5-7）。

图5-8

（二）林间精灵妆

此妆面的最大特点是给人以极强的视觉张力。先用人鱼姬色的眼影层层铺在眼睛周围，视觉上具有放大双眼的作用。珠光提亮眼头使整体显得梦幻更有灵气，浓密睫毛衬出眼睛的清冷纯净，微微的裸粉色咬唇妆，提亮唇峰，显得唇部小巧精致，用色大胆新颖且和谐。在发型设计上，运用细小的珍珠作点缀，犹如山间精灵般灵动脱俗，额头微卷的几缕刘海使妆容更精致，尤加利叶衬在胸前作为亮点，整体风格蓬勃有活力（图5-8）。

图5-9

（三）清新雏菊妆

以淡黄小雏菊装饰面部，营造清新美好的视觉感受，眼影和唇妆采用橘色调，似有若无的眼线和自然纤长的睫毛，打造出清透干净的整体妆容。整个妆面没有过多杂乱的元素，看起来比较干净简洁。在发型上，首选简单素净的盘发，将大部分头发盘在后方，用黄花绿叶插在发丝中，衬托模特清丽脱俗的气质，微微卷起的发丝显得时尚感更足（图5-9）。

（四）梦幻玫瑰妆

唯美梦幻风格是此妆容追求的整体效果。脸颊处用淡粉色腮红轻扫眼部亮片让整个妆面更加灵动变幻，玫红色系的眼妆和弯月眉体现女子面部的柔美，红嫩唇妆则紧扣潮流，显得面部妆容更加热烈明快。大朵玫瑰咬于口中，娇媚而不俗气，共同营造浪漫梦幻的氛围（图5-10）。

（五）森系桔梗妆

打造森系清新风格是此款妆容的重点所在。白嫩的底妆透亮轻薄，眉色选择与发色接近的冷棕色，显得和谐统一，干净活泼的橘色系眼影搭配蓝灰色美瞳，眨眼间充满灵气，散发光芒，搭配眼下风干的花瓣饰品，犹如翩翩起舞的蝴蝶（图5-11）。

（六）干花蝴蝶妆

妆容整体非常浓烈美艳，脸颊两侧用蝴蝶状的干花点缀别致新颖，整个妆面选用棕红色眼影，显得眼睛灵动有神，桃红色腮红与淡粉色唇彩相呼应，显得妆容娇艳欲滴，在鲜花的簇拥下少女宛若仙子一般雍容华贵又优雅热烈。用干花和枯叶作为发型装饰，不仅没有给妆容整体带来枯败之感，反而更显新颖别致，微卷的发丝多而不乱，整个妆面美得像油画一般（图5-12）。

图5-10

图5-11

图5-12

二、动物造型

动物造型指借助狼、老虎、狮子、斑马、兔子、长颈鹿、猪等动物的脸部特征进行化妆的拟态处理（图5-13~图5-18）。狼的凶残、虎的威猛、猪的慵懒、马的豪放、兔的温顺，都是化妆造型师善于捕捉的瞬间表情。在笔者的动物造型探索中，有意识地对猫系、蛇系、犬系、鹿系、鹤系、豹系、狼系、兔系、鲶鱼系等动物系妆容进行了不同尝试。

（一）猫系妆容

猫系妆容的眼影主要起烘托氛围的作用，重点是保证眼窝干净，可选择颜色较淡的暖调大地色晕染整个眼窝，突出眼眶的轮廓感。再用眼妆的主题色加深双眼皮褶皱，尤其要加深下眼睑后半段，使其更加协调。眼线则用一支出水流畅的眼线液笔从眼睛最高点到眼角结

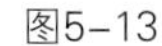

图5-13

图5-14

图5-15

图5-16

图5-17

图5-18

束的地方画一条线，眼头的内眼线与眼尾拉长的眼线要平行，在快要收尾的时候带出一个上翘的弧度并填充完整，这样画出来的眼线更符合猫系眼妆“奶凶”的特点。如果再佩戴一款混血感很强的雾灰色美瞳，猫系感觉会更加强烈（图5-19）。

图5-19

（二）犬系妆容

如果说猫系妆容是“酷拽风”，那犬系妆容就是“清纯风”的代表。作者认为犬系妆容的最大特点是圆润流畅，无论是眼妆还是修容都不要有太强的棱角感，所以在化妆的时候尽量往圆和短的方向上靠拢。首先，选择一对棕色系或黑色系的呆萌可爱美瞳。其次，为了进一步增加眼睛的圆润感，画一条下垂眼线非常关键。画的时候注意眼球正上方稍加宽，两边细一点儿，眼尾自然下垂形成一个小尖角，这样不仅会纵向拉宽眼睛，还会平添一种无辜感。卧蚕也是纵向延伸眼睛高度的利器，不过要注意晕染自然，再用哑光高光提亮卧蚕的亮面，这样打造出来的卧蚕可以使眼睛更圆更大，突出乖巧感。对腮红的建议是用饱和度比较低的颜色扫在眼睛正下方，但不要超过鼻尖，可以在鼻头下巴带一点儿，在缩短中庭比例的同时也会显得更加甜美娇俏。口红的选择上，可以考虑用攻击性比较弱的粉色系或豆沙系的镜面唇釉，画的时候用棉签弱化嘴唇边缘线。画上嘴唇的时候，可以将口红稍稍往人中处晕染，这样不仅显得嘴唇饱满，还能缩短人中长度，更加符合犬系妆容圆钝可爱的特点（图5-20）。

图5-20

（三）蛇系妆容

蛇系妆容为美艳风格，和强调钝感的犬系妆容刚好相反，最大的特点是线条感，如轮廓清晰的脸、深邃立体的五官和夺目饱满的红唇等。小直径微混血感的灰色系且边缘不太清晰的美瞳，可将蛇系眼妆的美艳展现得更加到位。为了加重双眼的棱角感，可尝试用平行四边形的画法，上眼皮褶皱前三分之一和后三分之一用深色眼影加深，接着同样用深色眼影强调下眼睑后半段，眼窝处再用晕染刷过渡自然，使这两个部分形成一个大致的平行四边形，使眼眶自然被放大，眼睛的存在感更强。还可以选择贴假睫毛，贴的时候可以沿着眼线往外拉出来一点儿，给人的视觉效果会更加狭长。鼻子要强调线条感和精致感，可以沿着鼻翼两侧向下扫，记得向上带到眼窝，这样妆容的整体性会更好。脸侧修容也比日常重一点儿，少量多次地叠加，尽量把脸部的线条往里收。画唇妆时，先用唇线笔清晰勾勒出唇形，再用一款饱和度比较高的口红涂抹，可以用高光将唇珠提亮，也可以用唇蜜让嘴巴变得更加饱满，总之要让唇妆的存在感更强，突出气场与美艳（图5-21）。

图5-21

（四）虎系妆容

虎系妆容在色彩上偏爱橘棕色系，比如眼影使用大面积的深棕色打底，再将金闪加叠在眼影中央，为整个眼妆赋予灵魂。用液体金闪勾勒在眼角上方与眼尾下方，有放大眼睛的作用，也更具立体感。眼线上挑，眉毛最好用稍粗的平眉或落眉来中和魅惑感，增强气场。“看似天生，实则耗时耗力”的野生眉最能突出虎系妆容的个性。棕色的修容可以稍重，口红则选用更高级的土橘色等。灰色或黄色的美瞳加持可以让瞳色变浅，里面设置的花色纹路就像有只老虎住在眼睛里（图5-22）。

图5-22

如果对各系列的眼妆作对比，会发现里面既有个性又有共性。画猫系眼妆时，红棕色系是首选。先把红棕色系大面积铺在眼皮上，顺便带到下眼睑，用晕染刷晕染自然。用深棕色加深眼尾和下眼睑，顺便带到卧蚕，可以缩短中庭。用黑色眼线胶笔画出上扬眼线，眼头向下填满，下眼睑加深即可。画犬系眼妆时，可用杏色眼影和深棕色眼影相结合的方法。用杏色眼影铺在上眼皮上，扫一点儿在下眼皮即可。用深棕色眼线轻轻拉长眼尾，同时也画一下眼睑下至，上眼皮和下眼皮分别贴仙子毛。画蛇系眼妆时，用烟熏灰色在眼尾晕染，打造一种清冷凌厉感。用眼线液笔画出上扬眼线，搭配深棕色下至，贴开叉型黑色鱼尾假睫毛。画兔系眼妆时，上下眼妆铺满嫩粉色，后眼尾加深，下眼睑晕染层次，脸蛋也要铺满，打造“粉嫩盈盈”之效果。用深棕色画出下至和卧蚕，戴上粉紫色美瞳更有小兔感。画豹系眼妆时，用橙色眼影铺满后，眼尾晕染自然，要有层次感，同时带到眼头和下眼睑，眼头和下至空白处提亮，卧蚕处填满眼影，配上灰蓝色美瞳，小野豹“奶凶奶凶”的形象即喷涌而出。画鹿系眼妆时，用烟熏玫瑰色大面积铺在眼皮和下眼睑，晕染出层次感。用深棕色眼线胶笔全包眼头和下至，下至一定要向下延伸，营造出“楚楚可怜”的感觉。用哑光卧蚕笔提亮卧蚕，倩丽卧蚕笔强调卧蚕。画鹤系眼妆时，眼头铺上嫩黄色，眼尾铺浅红色。然后用酒红色眼影加深眼尾，手法要偏平行四边形，眼头拖出小三角，同时带到下眼睑。眼尾画红棕色眼线，用白色眼线液笔叠加，美瞳则选淡绿色。画狼系眼妆时，在大三角区域用棕黄色眼影铺满上下眼皮，眼头加深灰黑色，眼尾叠加晕染，下眼睑也要晕染到，贴上混血蓝美瞳和假睫毛。

三、人物造型

人物造型指模仿影视明星、名人头像而设计的妆容（图5-23～图5-25），可以极大地满足普通百姓成为万人瞩目焦点的梦想。

图5-23

图5-24

图5-25

（一）逼真性

摄影机镜头具有如实复现现实的功能，一切被摄的景物都可以达到逼真的程度，故而要求一切服饰化妆都必须是真实的或者能以假乱真的。在时代感、地域感、身份感上，在式样、新旧、深浅的程度上，都必须准确，不能讹错。任何一点虚假或不准确都会破坏人物造型的真实感，例如，一个现代的发型或道具摆设都会破坏一个清代女性的可信度和时代感。观众是用摄影机的镜头做眼睛的，到了中近景、特写，就会宛然置身于景中，而且可以随着摄影机的移动仔细观察。因此人物造型的任何角落都须经得起观众的审视。这种逼真性要求化妆师不仅要有丰富的生活体验、历史知识，能够设计出真实的环境和服饰，还要有艺术的修养，能在生活真实的基础上有所选择、有所提炼、有所概括，创造出更典型、更美、更有表现力的艺术效果，将生活的真实与艺术的真实融为一体，以实带虚，以有限的有形的景物把观众带入可意会不可言传的丰富的意境，使原来诉诸观众视觉的景物所传达的信息，更直接地诉诸观众的感情和思维（图5-26）。

（二）运动性

图5-26

电影是运动的艺术，电影中的人物造型要与电影的三种运动形式相结合。首先，要与电影演员的动作配合。化妆师为演员提供活动的环境，提供符合角色身份、性格的装扮。这些环境和装扮不仅不能妨碍或限制演员的动作，还要为演员的动作提供支点和凭借。楼台门窗、陈设道具的布置，服饰的穿戴，力求有利于演员的表演，有利于导演的场面调度。其次，要与摄影师相互理解、密切合作，在设计的场景中要为摄影机的推、拉、摇、跟、升、降的移动提供方便，为多距离、多角度、多方位的拍摄提供可能，分清前景后景层次，使画面有更多的纵深感。还要为各种拍摄方法的照明工作提供条件，如在矿井狭长的井道中拍摄，须为照明别出心裁地搭置布景。最后，要与镜头组织的运动相结合。要充分理解导演的蒙太奇构思，并且与剪辑师密切合作，使多距离、多角度、多方位拍摄的镜头与各种不同的组织方法与蒙太奇节奏协调一致。

图5-27

演员的调度、摄影机的运动与镜头组织处理这三种运动是相辅相成的，化妆师的人物造型须与这三者紧密结合，相得益彰。当然，调度有动的一面，也有静的一面。影片有时也用静止的场面来突出景物的空间造型，显出“景人交融”的特质（图5-27）。

（三）综合性

人物造型实际上也是一门综合艺术，需要化妆、服装等协同地再现生活、表现生活。例如，绘画本是可以直接欣赏的艺术品，但布景设计师的作品失去了独立欣赏的价值，却又从另一方面获得绘画所没有的价值：虽然景物也是拍摄在平面的胶片上，放映在平面的银幕上，但是所设计的景物在摄影光线的处理下，随着镜头方位、距离的变化，不再是静止的、二维的，而是具有三维空间的效果，产生了时间值，由静止的空间艺术成为动态的时空复合艺术。这时候，美术上的透视学、构图学、色彩学、画面空间处理等基本美学法则还是适用的，但又是不够的，电影美术有了更为复杂的要求，也有了更为丰富的表现力。人物造型的彩妆风格的选择，要体现视觉的多样化、色彩的对比性和对视觉的冲击力追求等。

笔者向来重视妆面的构图和设计感，自小打下的美术基础让笔者在为各式人物设计彩妆时拥有良好的审美能力，对不同类型的美有着更深的理解和感悟，看到拍摄主题、场景、服装、模特，能够迅速地捕捉和把握造型的方向。笔者从事过电视、剧组、时尚等多个领域的化妆，最大的感受是，作为一名化妆师一定要全面，并且要有扎实的基本功和丰富的经验。只有如此，才能完美地塑造出不同类型的妆面。

在对眼影的选择上，笔者认为眼影重在表现明快、鲜艳的色彩，所以常借鉴戏曲妆容的表现手法，采用大面积流线型的设计，让眼部妆效更加突出。明快的黄色和清亮的蓝色眼影交相呼应，给人轻松愉悦的心理感受。眼影晕染的面积扩大至眉毛，寓意喜上眉梢，增添造型的灵动气息。面部两侧及颧骨处的色彩晕染让视觉中心集中于眼部，突显眼影的魅力。

在对唇妆的选择上，有时会用红唇来演绎复古的典雅，红与黑的强烈对比令画面富有神秘感，也令红唇妆更突出。欧洲20世纪60年代的复古妆容对红唇妆的推崇尤甚，因为这是赫本式优雅妆容的经典之选。勃艮第酒色红唇尤其适合稍显暗哑、沉闷的秋冬季。

而我国经典的水墨画亦可为妆容创作提供灵感，以水彩晕染和色块堆积为笔触，在眼周着色上妆，以前浓后淡、前紧后松的方式，着重于眼头及眼中部的描绘，于眼尾、下眼睑随意收尾，让眼妆犹如空中飞舞的羽翼般富有张力。再以落霞般的温暖黄色在眼周外围做淡淡的点缀式晕染，艳丽而不艳俗，令妆容富有艺术感和梦幻色彩。饱满的哑光唇色与浓烈的眼妆形成强烈对比，更增强妆容的视觉冲击力。

除此之外，人体彩绘和水波幻影、五彩鱼纹等，都能为人物造型提供不一样的创作视角。如将斑马纹理描绘于人体之上，并做大面积描绘，与自然世界中的斑马图像相呼应，并根据人体的曲线作适当的调整，显得既时尚又大气。这种灵活的表现形式改变了彩绘的惯常用法，富有强烈的视觉冲击和主题思想。深海浮潜时海底世界令人迷醉的水波幻影和五彩斑斓的热带鱼纹理亦是人物造型创作灵感的来源。选用红、黄、蓝、绿、白等多种彩色颜料，以眼周和额头为画板，采用涂鸦式画法，将各种色彩不规则地晕染于皮肤上，深浅不一，交相辉映，描画出深海海水流动的迷幻色彩，在人物面部营造印象中的海底世界。这款妆容的重点虽是眼部的彩绘晕染，但双唇和下巴处的轻轻一抹才是点睛之笔，令妆容富有动感的活力（图5-28）。

图5-28

四、星空造型

浪漫的星空既有着一丝神秘，也有着些许创意。许多化妆师愿意在星空的主题下进行随意发挥，既是对太空的追忆，也是对未来的憧憬（图5-29～图5-31）。尤其是随着各种太空类科幻电影诸如星球大战、星际穿越的兴起，人们对太空的探索也会越来越深入，而化妆师对星空妆的探索就是其中最好的表现手法之一。

图5-29

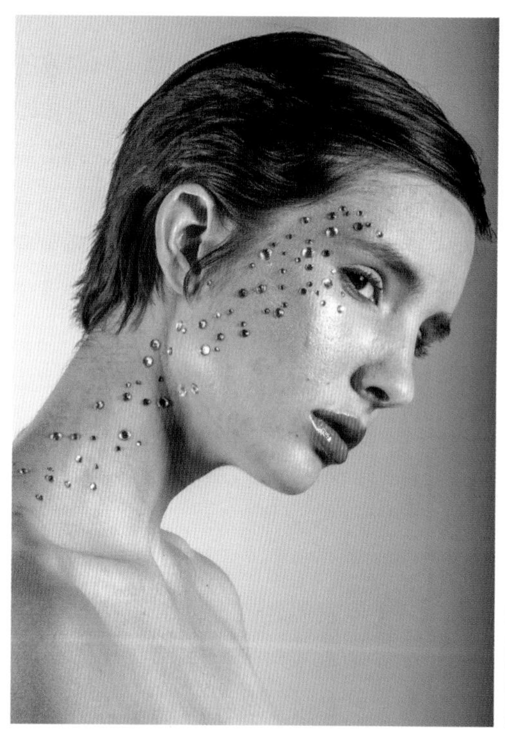

图5-30

图5-31

（一）底妆

无论是冬季还是夏季，底妆最好是清透自然的。选择一款水润气垫，在脸上轻轻按压，打造一种瓷光肌的感觉。

（二）眼妆

星空色系的眼妆色彩主要有蓝色、紫色、粉色、绿色、银色以及它们混合之后的各种渐变颜色。主要基于蓝色及紫色的星空眼妆色调，可按以下步骤进行：

第一步，给眼部做好打底工作，防止出油脱妆。

第二步，眼窝外围涂一层淡蓝色的眼影。

第三步，眼头和眼尾向内勾勒紫色的层次感眼影。

第四步，眼中部分涂粉色眼影。

第五步，将各个色圈晕染均匀、自然。

第六步，用眼线笔紧贴睫毛根部画眼线，眼尾部分顺着眼影的轮廓上扬，眼线粗细可根据个人眼型来决定。

第七步，在下眼周涂上紫色眼影呼应眼部上方。

第八步，修剪好假睫毛后，涂上适量胶水，待稍稍风干后沾到眼睛上。戴假睫毛也需要刷睫毛膏，让真假睫毛重合到一起。先用刷头沿着睫毛根部向上刷睫毛，接着呈Z字形左右刷睫毛，能使眼睛全方位变大。

另一种画星空色系眼妆的方法是：先用浅色亚光大地色眼影晕染上眼窝和下眼睑；然后在紧贴睫毛根部的位置描绘眼线，并用肉橘色晕染，让眼妆的色彩看起来更柔和自然；再用深色的大地色眼影晕染前后眼窝，画出深邃的眼妆结构；最后在眼球最突出的位置和前眼角处涂上少许珠光眼影粉提亮，让眼妆看起来更加立体。再刷翘睫毛并在眼底粘贴适量水钻就可以了。

（三）美甲

可按以下步骤进行：

第一步，准备好所需的甲胶和工具，修剪指甲并打磨好甲面，刷上底胶，照灯60秒。为甲面均匀地涂上深蓝色底色，照灯60秒。为了颜色饱满再涂一遍，照灯60秒。

第二步，用细海绵蘸紫色甲油在中指后缘拍打，照灯60秒。

第三步，用细海绵蘸蓝色甲油在中指前缘拍打，照灯60秒。

第四步，用细海绵蘸淡蓝色甲油在中指中间拍打，照灯60秒。

第五步，用勾线笔蘸白色甲油在中指点出星空中的星星，照灯60秒。

第六步，用同样的方法画出其他指头的星空图案，照灯60秒。

第七步，在食指合适位置刷上粘贴胶，粘上星星铆钉，照灯60秒。

第八步，用勾线笔蘸白色甲油画出星座，照灯60秒。在刷上粘贴胶，粘上金色圆形珠子，照灯60秒。

第九步，用勾线笔蘸白色甲油在中指和小拇指画出行星等星星，照灯60秒。

第十步，全部指甲完成后，为所有甲面上一层封层，照灯60秒就可以了。

五、动漫造型

卡通式的人物造型充满了诙谐和幽默，无厘头的搞怪表情让人忍俊不禁。化妆，若是能在中国式的动漫中找到前行的方向，找到符合中国本民族心理和审美的Q版造型，那将是极大的突破（图5-32～图5-37）。

动漫是动画和漫画的合称，两者之间存有密切联系。动漫喜欢用夸张的艺术表达手法、绚丽多姿的色彩来表达人物形象。动漫里面涵盖了创作者对人物性格特征、审美思想、价值观念等诸方面的暗示。要想创作具有本民族特色的动漫造型，可从以下几方面考虑。

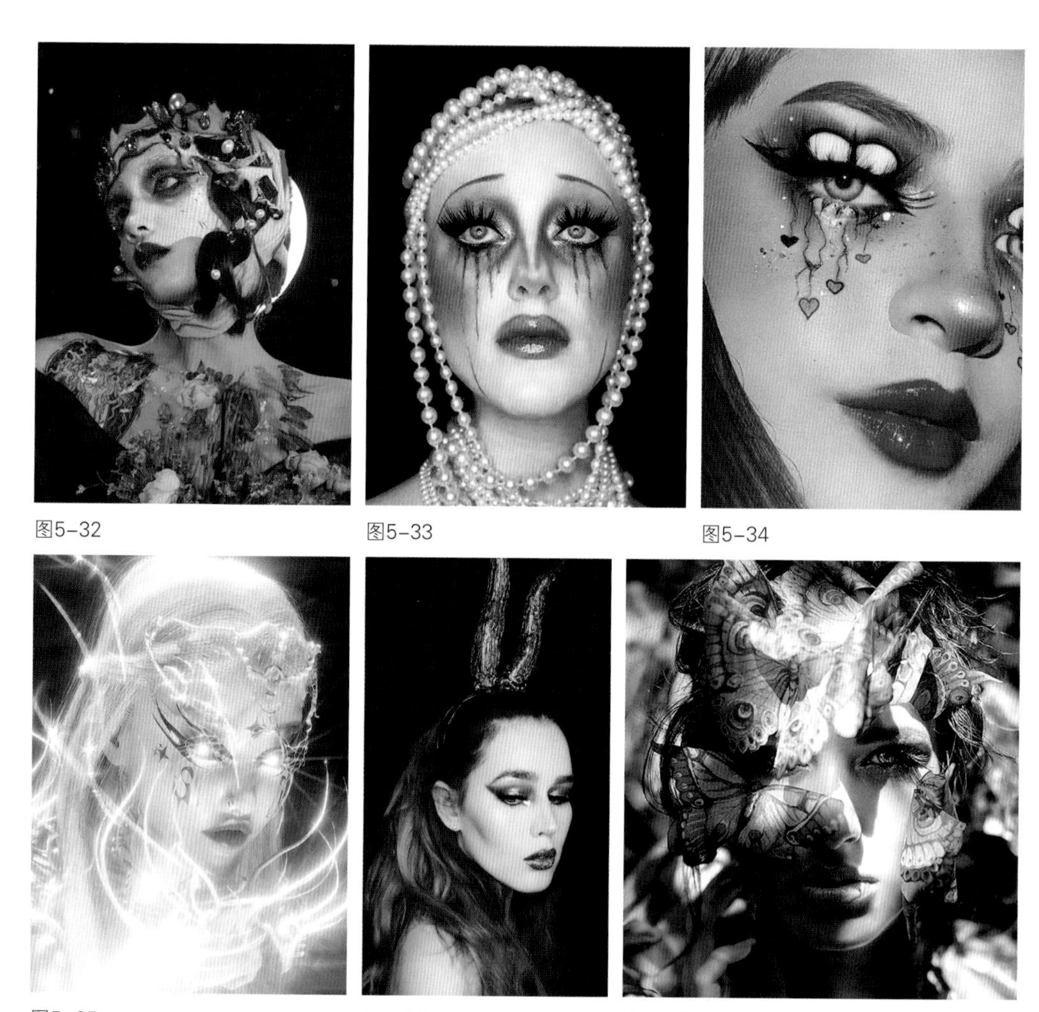

图5-32　图5-33　图5-34

图5-35　图5-36　图5-37

（一）动漫妆容的底妆一定要服帖均匀

护肤完成之后，涂上防晒隔离霜给彩妆打底，这样做可有效保护肌肤免受彩妆的污染。要想拒绝晕染浮粉的底妆，隔离是不可或缺的一道程序。可取珍珠大小的隔离霜点在脸上，并均匀涂抹开，这样就能在上底妆前调整肌肤，防止出油晕妆。然后，使用妆前乳搭配气垫打造清透的底妆，以提升气色并遮盖瑕疵。使用气垫粉扑，继续打造清透底妆——轻拍于面部，可以在容易出油的T区多按压几下，持妆效果会更好。

（二）眉妆要简单好看适合脸型

用眉笔填涂空缺的眉毛并进一步修饰眉形，眉尾处注意收型。最后整理一下眉毛的方向，眉头可以适当晕染，自然过渡淡化。这样，既简单又好看的眉妆就立体地呈现在模特脸上。

（三）眼妆是动漫妆容的重中之重

单眼皮的模特可以用双眼皮胶水贴出明显的双眼皮轮廓（双眼皮模特就可以跳过这个步骤）。

眼影：用带有珍光的眼影，打亮眼窝放大眼睛，再用相同颜色的眼影，轻轻扫在卧蚕处，使眼睛明显增大，再用大地色系眼影加深眼尾轮廓，慢慢扫出晕染效果，令双眼看起来更大。

眼线：画上向上扬的小猫眼线后，可用小号的眼影扫在下眼线较后位置扫上少许啡色眼影，进一步加大双眼效果。

用睫毛夹轻轻向上夹翘睫毛，再用啡色眼线笔描绘上下眼线，营造清纯感觉。

（四）涂腮红提亮肤色

用腮红刷沾上适量粉色系胭脂，扫在苹果肌处，营造粉嫩的亮丽效果。

（五）唇妆是动漫妆容成功与否的关键

唇妆方面，选用橙红色唇彩或者使用年轻有活力的珊瑚色唇釉，色彩从唇中央至唇边由深至浅，加强立体感。

（六）剪个动漫式刘海儿

动漫式刘海儿很适合高发际线、宽额头和颅顶低的人群，能够更好地修饰额头缺陷，让人把视线集中在下半张脸，让五官更精致。还能放大眉眼上的优势，非常适合眉眼好看的模特。

但剪动漫式刘海儿时一定要注意以下两点：

一是，刘海长度要在眉毛下面。

二是，要有弧度，中间平着剪，两边斜着剪。

如此，中国风的动漫造型就具有唯一性与民族性，有别于日韩系和欧美系的动漫造型。

六、神话造型

神话故事中的人物造型，总有道骨仙风、超然物外的洒脱与不羁。化妆师抓住这一本质特征进行造型设计，深挖人物的内在本性，并加以突出（图5-38～图5-41）。

20世纪80年代，特型化妆造型在我国内地影视界鲜少见到。电视剧1982版《西游记》中的神话人物造型可谓是最早探索作品之一，堪称经典。剧作中，神仙们的造型充满仙气且个性鲜明，妖魔鬼怪们的造型也是充满兽性但又不给人以恐怖之感。这些造型设计都出自造型师王希钟之手，他是一个非常注重角色研究的人，一直力求外形与人物的身份和性格相吻合。所以在《西游记》里，他给上百个人仙鬼怪的人物造型做设计，如仪表堂堂的唐僧、充满威严的玉皇大帝、慈眉善目的观音菩萨、法相庄严的如来佛祖，以及太上老君、白骨精、牛魔王、东海龙王等银幕造型，个个都是出神入化、栩栩如生，独具情态。特别是对四位主演的化妆造型，更是下足功夫。有的

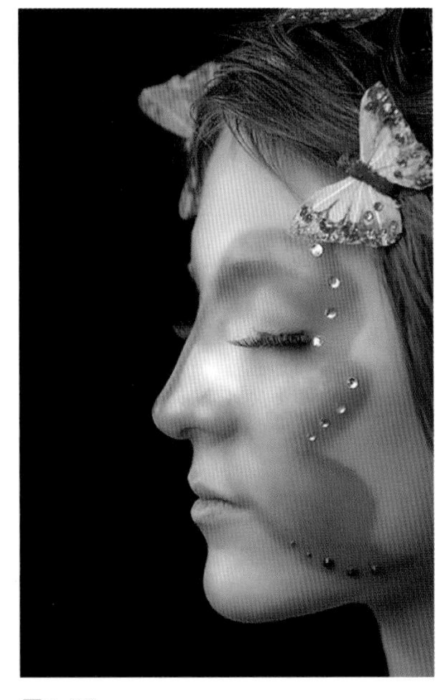
图5-38

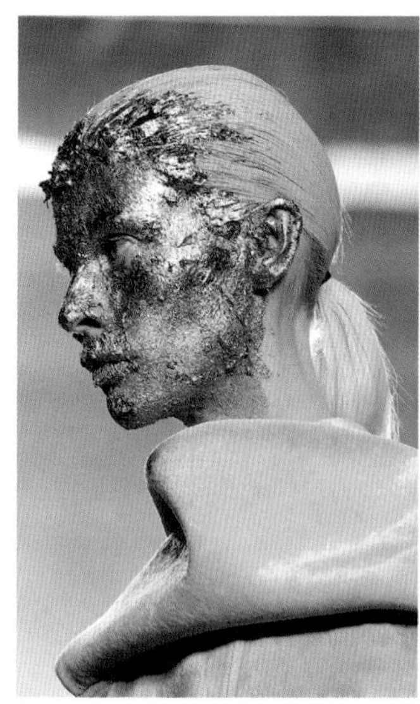
图5-39

图5-40

图5-41

用整个面具头套戴在头上塑形，有的用部分面具覆盖，有的用一些零件，如眉骨、鼻子、下巴之类的东西去改变一下形象，尽量不要用全脸的面具，否则会影响演员在表演时的面部表情，其中孙悟空和猪八戒的造型是重点中的重点，不光要像，而且还要美。大胆采用硫化乳胶制作假脸，并用一部分真脸与一部分假脸相结合的方法，塑造了集人、神、猴于一体的齐天大圣和憨态可掬的猪八戒形象。其实一开始的孙悟空和猪八戒造型并不是很成功，就因孙悟空太像野猴造型，跟美猴王一点都不搭边，猪八戒则太像猪。但由于时间紧迫，没有太多时间重新设计，只能采取边拍摄边调整美化的策略。据统计，光是猪八戒的造型就改了30多次，例如，其面具到底是做成黑猪还是白猪？耳朵是竖着还是耷拉着？嘴角边上的那圈猪毛是留还是不留等问题就反复修改了很多次。越往后拍，两者的造型也越来越美观。

所以，神话造型是化妆师运用自己的知识储备和造型技巧，对书本里记载的形象加以创造和修改的创意过程。

第二节
造型组合与时尚化妆

一、动与静的造型组合

动与静是一种对比，也是一种互补。飞扬的发梢，平静的眼神，传递出的是一种欲动还静的矛盾与纠结。但恰恰是这种组合，让人找到了新的支点（图5-42～图5-45）。

一般而言，人的形象可分为两种：一种是静态形象，就是别人可以直接看到的，一个人所展现出来的样子，如长相、衣着、妆容、气质等，也就是外在形象。另一种则是动态形象，就是一个人在一段时间内的整体人格形象，取决于一个人的行为素质，如善解人意、自信阳光、谦恭有礼，或者是睚眦必报、小肚鸡肠等。美国心理学家洛钦斯（Lochins）曾提出过第一印象定律：人们对一个人的印象，第一印象可以占到55%，包括妆容、发型、声音等。由此可见，静态形象在第一印象中占据了极大部分，必须引起高度重视。而化妆就可以适当调整人物形象，使人物的动、静结合达到合适的比例。动静由人物的神态、五官形态和清晰度等来决定。所谓神态，是就个性、表现力。动的神态是指有力度的、叛逆的、桀骜不驯的神态；动静适中的神态是指有一定表现力，没有给人个性叛逆印象的神态；静的神态是指柔和的、安静的、内敛的神态。而就五官形态来说，偏动的人，是指具有特殊的五官形态，如五官偏大或偏小，有明显的挑眉和丹凤眼等特征。简单来说，就是和正常五官很不一样，就是偏动。而五官比较标准的，就属于动静适中或偏静这两个类型。

图5-42

图5-43

人的五官还有清晰度一说。清晰度分为两方面：一是色彩清晰度，就是发色、肤色、眉色、瞳孔色的色差对比。色差对比明显的是偏动，对比感很弱的则偏静。二是骨骼清晰度，即五官立体度，五官越立体就越偏动，五官越平缓就越偏静。化妆造型既可以调整五官形态，也可以对色彩清晰度做适量调整。而要想调整骨骼立体度，就需要专业化妆师通过骨相化妆来调整。日常女性可以对骨骼立体度做个辅助的修饰，如加强鼻侧影、脸部轮廓塑造等。

图5-44

图5-45

图5-46

二、开与合的造型组合

开合有度是一种大美，也是一种极致。在开与合之间找到平衡点，本身就需要一种智慧，更需要一种勇气（图5-46~图5-49）。

“开合”，又作“开阖”。字义上讲，“开”即开放，“合”即合拢的意思。绘画上的开合与做文章起结一样，一篇文章大致由起承转合四部分组成。“承转”是文章中间部分。“起结”为文章开始与结尾，一篇长文章有许多局部起结和转承，也有整个起和结。一张画画得好不好，重要的一点，就是起结两个问题处理得好不好，花鸟画如此，山水画亦如此，化妆更是如此。

在古人论画中，对开合问题也不时有论及，兹录董其昌《画旨》如下：

“古人运大轴，只三四大分合，所以成章，虽其中细碎处甚多，要以取势为主。”

又《画禅室随笔》：“凡画山水，须明分合，分笔乃大纲宗也。有一幅之分，有一段之分，于此了然，则画道过半矣。”

分合与开合稍有不同，开是起，承是接起，转是承后作回转之势，最后结尾。然而大开合中往往有小段的起结，这样使构图复杂起来。分合系指构图中的局部起结，是大开合中支生出来的起结。如果一幅构图光有大起大结，而没有分起分结，就易于简单冷落，如果有大起大结，又有

图5-47

图5-48

图5-49

小的起结，那么构图就富有变化了。

沈宗骞在《芥舟学画编》中对山水开合写道："千岩万壑，几令流览不尽。然作时只须一大开合，如行文之有起结也。至其中间虚实处、承接处、发挥处、脱略处、隐匿处，一一合法；如东坡长文，累万余言，读者犹恐易尽，乃是此法。于此会得，方可作寻丈大幅。"此是整个大开合的总诀。化妆的开合造型也可遵循作画的开合规律。如果说，把脸部化妆作为整体形象的开启，那么在发型、服装以及首饰的选择上就要考虑承接、转折与相互呼应的关系，以便在整体上给人以赏心悦目的感受。

三、主与辅的造型组合

主次分明是化妆的要求之一。在任何造型中，都需要重点突出。化妆师会根据模特的脸型、气质、风格等特征，突出模特的眼睛或嘴巴或鼻子，让模特具有一种夺人心魄的美（图5-50～图5-53）。

如以古典型作为主型来设计的话，正规套装最佳，适合穿直线裁剪的职业套装，随时保持着整齐、规范、干净。高品质的衣服与饰品是古典型的最佳选择，明朗的线条，简约的H形套装等搭配体现智慧和高贵。对细节的处理则能体现女人味，如丝绸衬衣、几何图案的丝巾、时尚造型的胸针、高品质手表等，以及暗纹、条纹排列整齐的小型图案等。T恤要穿有领有型的，不适合穿无领T恤。饰品则要货真价实，不可繁多。妆面要干净不露痕迹，色彩偏中性化，看起来要有力度。发型要纹丝不乱、精致简约，短发比盘发更好，不可过于蓬松，要规则、整齐、对称。总之，古典型的着装穿戴上要体现精致、上品、硬

图5-50

图5-51

图5-52

图5-53

朗、干练、高贵等特色，避免过于夸张、性感和小巧可爱的风格。

而把自然型作为辅型来设计的话，一件简单的纯棉衬衣，一套简单的运动服，也不会让人觉得不妥，反而让人感觉到健康潇洒和活力热情。粗棒针大款型毛衣配长裤也一样表现出洒脱感。自然型设计不需要华丽和太多修饰的服装，那样无法体现出浑然天成的健康气质。反而是朴素大方的格子，返璞归真的麻纱，粗犷的雪花呢、人字呢、磨砂皮等更能表现自然型洒脱和不受拘束的个性，图案可选择条纹方格、菱形纹等几何图形或螺旋纹，以及树叶与花朵、山水画等。手工编织图案或自然织纹布也是不错的选择。穿套装时，不可穿太正规的款式，需尽量选择天然面料质地。即使在办公室也要体现出轻松和自然感。饰品选择天然材质，造型简单，具有民族风格的仿象牙、贝壳类、编织物等均可考虑。妆面要清新自然，忌浓妆。发型要流畅蓬松自然，短、中、长发都可以。也可随意把头发束起，慵懒中带有轻松迷人气质。总之，整体穿戴要宽松、质朴，要有艺术气息，避免孩子气的服饰。

四、前与后的造型组合

前与后主要是从空间和层次上来说的，尤其是在艺术彩妆上，有时需要非常繁复的造型。如果都堆积在一个平面上，会显得臃肿。适当地增加造型的前后关系，或是空间感，则会让造型变得灵动，变得更有节奏感（图5-54～图5-57）。

（一）穿搭

穿搭占整个人90%的面积，所以变美思路的第一步就是搞定穿搭。穿搭最核心的意义在于修饰自身的缺陷，放大自身

图5-54

图5-55

图5-56

图5-57

的优点。如果穿搭上做不到这一点，哪怕再贵再好看的衣服，只要是不适合自己的身材、肤色、气质的，都是白搭。

什么是适合自己的衣服？

每个人身上都有优点和缺点，如肩宽太窄，会导致头肩比不协调，显得头很大，身材比较扁平，缺少女性的曲线感。因此在选择穿搭的时候，就要选择能够增加肩宽的泡泡袖，在衣服版型上则更适合自带曲线感来弥补身材曲线的不足，如立体感收腰上衣和九分喇叭裤。身高和骨相都是硬伤，很难通过后期的努力来提升，只能通过穿搭来修饰。而对身材比例不理想，上下身占比太过接近的人来说，在穿搭上选择高腰下装来优化身材比例，套装式的穿搭没有过多的细节，让视觉重心集中在头部和腿部，就会凸显精致的五官和纤细的双腿。

那么，如何放大自己的优势区域呢？

1. 选对服装颜色（图5-58）

白嫩皮肤是很多女性梦寐以求的，但即使是天生冷白皮，乱选颜色穿搭也会显得暗淡无光，选对颜色则能把皮肤衬托成会“发光”的牛奶肌。亚洲人的肤色，哪怕天生比较白皙，皮肤的底子都是泛黄底的，所以和肤色接近的咖色会衬得肤色更黄，但是浅粉、浅黄色的暖色调则能够帮助修饰皮肤的状态，衬得气色更好。

2. 大胆露肤（图5-59）

中国几千年的文化传承让国人骨子里比较含蓄内敛，并不像外国人那么爱展现自己，但其实如果拥有一个好身材，特别是长相普通但是身材好的女性，大胆露肤能最大限度地放大自己的优势，让自己在人群中脱颖而出，也不失为好方法。

图5-58

图5-59

3. 找对风格（图5-60）

都说一张脸决定了80%的穿衣风格，在没有看到全身的时候，一张脸其实就能够给人一个大概的风格定位。假如模特脸窄而长，下颌角有量感，面部软组织较薄，属典型的狼系女生，自带成熟、冷酷的气质，所以牛仔、露脐、齐耳短发都能够更加凸显模特的凛冽气质，强化风格。

（二）妆发

一个完整的造型，如果单有好看的穿搭，妆容和发型没有跟上也同样枉费。聪明女性会根据场合和需求，先确定服饰，再选择适合的妆发，以此完成一个完美的造型。妆容美不美是其次，和当天的穿搭是否匹配才决定着最终造型的和谐程度。

1.妆发要契合衣服的氛围感（图5-61）

为什么先选衣服？因为很多的衣服有特定的氛围感，如法式复古碎花裙配素颜马尾辫肯定会特别违和，显得衣服很隆重，但是人却撑不起来。对于这样的法式复古风氛围感单品，在妆容的选择上也要是相匹配的法式妆容。法式妆容的特点在于“油画感”——细腻的妆面，色彩粉薄，弱化脸部生硬的线条，体现出一种古典美。侧麻花辫不但迎合了复古的氛围感，还可以略遮一点胸前的露肤，让人的视线都集中到精致的上半身，对下半身线条不够好的模特非常友好。

2.妆发要契合衣服的版型（图5-62）

除了有氛围感的衣服需要妆发契合，一些特殊版型的衣服也需要妆发来修饰身形比例。如设计亮点都在领口的上衣就需要尽量把头发梳上去，露出亮点。而对于高领、小领口等比较挑脸型的上衣，则需要根据脸型、身材比例进行妆发选择。如显肉感的圆脸，如果选择了高领上衣，那么在选择发型的时候，能够尽可能地缩短横向扩张感，增加纵向延伸的发型妆容就是首选。高颅顶丸子头和加重眉眼的妆容，都能够把视线重点上移，全扎起的高丸子头可以露出干干净净的五官，缓解了脸部的圆润钝感，让整个人看起来小巧轻盈。只要会穿、会搭，长相再普通也能瞬间升级，提升气质。

图5-60

图5-61

图5-62

本章小结

一、重点是掌握不同造型特点对时尚化妆设计的影响。

二、难点是化妆设计和造型组合之间的协调性与融合性。

思考与练习

一、分别对开朗型和忧郁型性格的人作不同的造型设计。

二、造型组合在时尚妆容设计上应注意些什么?

三、对造型组合与时尚化妆的尺度进行探讨。

第六章

Part 6

时尚化妆的应用

课题名称： 时尚化妆的应用

课题内容： 1.时尚化妆与性格

2.时尚化妆与年龄

3.时尚化妆与环境

4.时尚化妆与服装

5.时尚化妆与时代

课题时间： 32课时

教学目的： 使学生能够正确认识时尚化妆与性格、年龄、环境、服装、时代之间的关系，懂得运用不同方法完成它们之间的互补、协调、搭配等诸多问题。

教学方式： 比较法和演示法相结合。讲授各类性格、年龄、环境、服装、时代等的特点，让学生自己得出在不同人群中实施化妆设计时应该树立的观念和借鉴的手段，并进行化妆与服饰相互搭配的示范。

教学要求： 1.使学生熟悉性格、年龄、环境、服装、时代在时尚化妆中所起的作用。

2.掌握对不同对象进行妆容处理和设计的方法。

3.对妆容和服饰的应用要做到心中有数。

4.对不同的服饰和妆容形成正确的观点。

5.熟练掌握不同环境下的妆容设计技法。

6.对不同性格的人要学会运用“互补”的造型技法去矫正。

7.对不同时代的妆容特色要有一个清楚的认识。

课前准备： 了解流行资讯，查询性格、环境、时代等词所包含的内涵和外延，在妆容设计时做到胸有成竹。

第一节
时尚化妆与性格

一名优秀的化妆师必须懂得绘画、表演艺术、色彩搭配原理、摄影技巧、服装设计、发型设计以及相关的艺术理论、审美常识等。化妆不只是让人变得漂亮，还要通过这一艺术手段展示人物心灵世界的丰富性及其性格特征，使化妆折射出精神的光彩，用色彩语言诠释生命的意义和艺术的思想（图6-1）。化妆主要是通过塑造性格来展现人物的精神世界。性格character一词来自希腊语，原意是特征、特性、属性，是指个性当中最突出的方面。今天理解的“性格”，乃是一个人在社会实践活动中所形成的对人、对事、对自己的稳固态度、心理特点，以及与之相适应的习惯的行为方式。从社会评价的角度来看，性格是有好坏之分的。人们总是把正直、诚实、勤劳、勇敢、谦虚、认真等看成是良好的性格特征，而把阴险、狡诈、懒惰、怯懦、骄傲、马虎等看成是不良的性格特征。如何通过化妆来强化、塑造这些形形色色的性格成为一门难以把握的形象艺术（图6-2）。

图6-1

图6-2

一、化妆与性格的统一性

人与人之间的差别，不仅仅表现在能力的高低上，还往往表现在个性的不同上。个性包括人的品德、情感、动机、态度、价值观、需要、兴趣等，是使一个人区别于其他人的稳定的心理特征。例如，有的人工作勤勤恳恳、赤胆忠心，有的人则飘飘浮浮，敷衍了事；有的人待人接物慷慨、热情，有的人则吝啬、冷淡。在态度方面，有的人谦虚，有的人高傲，有的人勤勉，有的人懒惰。所有这些都是人的不同性格特征。在一些重要场合，妆容是否经得起反复推敲，如奥斯卡颁奖典礼上，个性鲜明的各路明星，妆容看上去应该是自然的、不露痕迹的、不造作的，面部所有的色彩都应该令人感觉到是从皮肤里自然渗出的，而不是画上去的。整体视觉效果是让人觉得化了妆的人很美，而不是妆化得很好（图6-3）。

许多化妆师只刻意把人物化得好看，却忽视了人的个性，把化妆只作为一种程序来操作，这显然不能达到内外一致的效果。一名好的化妆师在化妆之前，不会贸然下笔，肯定会考虑到各种因素。比如，给一个摄影模特化妆时，化妆师首先要考虑的是化这个妆的目的，如果要表现模特个人的特色和性格，则必须与模特有充分的接触，了解其性格特点。然后再审视主体的面部，找出其优点与缺点。化妆时须尽量突出优点，掩饰缺

图6-3

点或是使缺点不被人注意。化妆时要结合模特的脸型、肤质、肤色，以表现模特的最佳气质和个性内涵。一般人像摄影的模特化妆重点应该偏向自然和透明，最佳的化妆技术是使模特化妆后的脸看上去和没有化妆一样自然。

在给不同的人物化妆时，要充分了解人物的性格特征。因为人物的性格是外化的，常常表现于日常的言行举止中。例如，爽朗性格的人，举止潇洒，言谈直率，穿衣大方，给人洒脱自如的感觉。在给这类人化妆时，要注重选用偏亮的色泽和简约的风格去烘托飒爽大气的特质，而不能用妖媚、浓重的色彩来装扮。

不同性格的人物有各自喜欢的常用造型，因此化妆时还要考虑整体造型的问题。因为造型是一个整体的概念，不能因为对妆容或是对服装的某些偏爱而破坏整体的形象。例如一名歌手上台前，要综合考虑自己的妆容和自己的性格与选曲之间的关系，通过化妆技巧来塑造自己独特的性格。这就是说，妆容既要为自己的性格服务，也要适合自己的歌曲风格，如此自己的妆容在台上才不会显得太唐突，而且可给人一种比较协调的感觉。大部分的歌手通过专业的设计都能够做到这一点，但是也有某些歌手选唱的是纯情类的曲目，却画了个很浓艳的妆，让人觉得有些“假纯情”，从而影响了个人形象。妆容与造型息息相关，两者不可分割。每个人都可以根据自己的造型来选择不同的妆容，因为不同的妆容也会带来不同的风格与乐趣（图6-4）。

图6-4

事实上，化妆与性格是一个互动的过程，化妆要符合人物性格，画出共性中的个性，在确保共性美的同时，最大限度地彰显每个特立独行的人。同样，不同性格的人物对化妆的看法也不尽相同，有经验的人往往可以通过性格来推测人物的长相、特征。像中国古代的戏剧、现代的舞台剧、影视剧等，演员们精湛的演技往往有赖于化妆艺术的独特表现（图6-5）。

图6-5

二、化妆塑造性格

化妆符合人物个性，便得神韵；而融会了形与神之间的关系，则既能化出符合神韵的妆，也能通过化妆来塑造各种个性鲜明的人物形象。在这一点上，我们可以通过演员的各种化妆来加以说明（图6-6～图6-8）。

图6-6

图6-7

图6-8

最早用于表演艺术的化妆，分为面具化妆和涂面化妆。

（一）面具化妆

面具化妆与原始社会时期的“傩舞”关系密切。傩舞的特点是舞蹈者戴上早已准备好的各式面具，随着情节的变换把自己装扮成神鬼、历史人物、传统人物以及各种奇禽怪兽，以示对神灵的崇拜，对祖先的祈祷，以及对恶魔和不祥之物的讨伐。面具化妆就是在这一基础上发展起来的。此种化妆的长处一是可以对演员的面部、头部及全身进行夸张的雕塑性的改造；二是便于改扮，使一个演员可以借助不断更换面具而兼演多种角色。缺点是表情的固定化在某种程度上妨碍演唱。所以到现代，已经不常采用此种化妆艺术。

（二）涂面化妆

涂面化妆是中国戏曲的主要化妆手段，它吸收了面具化妆的优点。戏曲的涂面化妆可分为美化化妆（俊扮）、性格化妆（脸谱）、情绪化妆（变脸）、象形化妆（动物象形脸）等。戏曲的涂面化妆实际上包含两大类：一类是“洁面”化妆，一类是“花面”化妆。“洁面”化妆的特点是脸上很干净，不需要用夸张的色彩和线条来改变演员的本来面目，只是略施彩墨以描眉画眼，达到美化人物的效果而已，因此又称“素面”“俊扮”，或称“本脸”。“花面”化妆的特点是用夸张的色彩、线条和图案，来改变演员的本来面目，以达到滑稽可笑或讽刺的效果（图6-9）。“花面”化妆，选用的主要色彩是白（粉）和黑（墨），所以又称“粉墨化妆”。“花面”化妆同“洁面”化妆形成鲜明对比。“洁面”化妆用于生、旦、末，“花面”化妆用于副净和丑行。

图6-9

脸谱是在涂面化妆的基础上发展起来的，具有当代社会所流行的民间美术特色，是舞台美术整体中固有的组成部分。脸谱在颜色上可分为红、黄、蓝、白、黑、紫、绿、银等，并且各种颜色内含一定的象征性且各具妙用，能充分突出人物的性格特征。比如红色表现忠勇正直，水白色象征阴险狡诈；神怪脸则多用金银色。而用白粉在鼻梁眼窝间勾画脸谱则是丑角的常用表现手法。以包拯的脸谱为例，包拯的脸谱在明代的画法是双眉挺直，着重表现他的坦直无私、刚正不阿的品格。到了清初，直眉画成了曲眉，这是向后来的紧皱双眉画法的一个过渡，目的在于突出表现忧愁的精神状态；到了清中叶以后的梆子、皮黄戏里，包拯的脸上不仅勾了一对紧锁的白眉，而且眉毛间还拧成了一个大疙瘩（月牙形或称阴阳鱼形图案），突出表现了包拯整日为民申冤而发愁的神态，这是典型的以化妆塑造人物性格的例子（图6-10～图6-12）。

图6-10

髯口是戏曲中各式假须的统称，用牦牛毛或人发制成。从山西洪洞县广胜寺旁的明应王殿元代戏剧壁画来看，早期的髯口接近写实，后来用铜丝做挂钩，趋向夸张、装饰，式样上也逐渐丰富。髯口的改进，同演员注意利用髯口做种种身段动作以刻画人物的情绪、性格有关，并由此形成“髯口功”。各式髯口一般有黑、灰、白三种颜色，以区别角色的年龄。少数形象怪异或性格暴戾的人物及神怪，也有戴红、紫、蓝髯的。

图6-11

在女性形象的化妆方面，也有“洁面”与“花面”之分。古代“花旦杂剧”是写青楼女子题材的戏，扮演青楼女子，在化妆上“以黑点破其面”，以同良家妇女区别开来。还有一种“搽旦”，扮演的是反面女性形象，在化妆上“搽的青处青、紫处紫、白处白、黑处黑，便恰似成精的五色花花鬼”（《郑孔目风雪酷寒亭》）。搽旦一般由净扮演。搽旦化妆也属于“花面”一类，似乎比一般粉墨化妆更夸张些。

图6-12

总之，涂面化妆形式的多样性和适当夸张，都是为了一个目的，就是要把剧作者和表演者的倾向性（善恶褒贬的评价）通过化妆艺术鲜明起来。脸谱的倾向性，是在表演者和观众之间长期互动对话中形成的。有一定戏剧经验的观众，才能迅速而准确地判断脸谱的倾向性。

在现代影视中，化妆更是贯穿剧目始终。对化妆师的要求也更为严格，更注重在共性中表现个性，把造型、用色同节目内容、演员风格、舞台背景等因素有机地融为一体，从而塑造出视觉鲜亮、栩栩如生的个性形象。化妆时，不仅重视刻画演员所扮演的角色性格，而且善于表现人物性格的发展变化过程。着眼人物跌宕的人生起伏，顺着人物的命运和思想脉络构思妆面。运用眼影、须发等画龙点睛的笔墨，精雕细刻地描绘主人公或快乐、或悲伤时的妆容和精神状态。化妆贯穿于整个剧目，只有形随神动，环环相扣，才显得有内涵、有灵魂。大气豪放而又婉约唯美，风格鲜明而又气象万千，对推动戏剧的情节发展起到了有效的呼应作用。

三、化妆塑造性格的方式

在日常生活中，通过化妆塑造自我性格、自我形象的大有人在。他们往往追求个性，标新立异。就算是最平常不过的生活妆，也不愿忽视对"自我"的塑造。通过化妆塑造人物性格可从以下几方面进行操作。

（一）从改变眉型入手

眉型的高低、曲直都会影响人的表情，甚至会影响到别人对此人性格的猜测。比如，柳叶眉和细挑眉就存在很大的不同。柳叶眉是柔和、温顺的象征，而细挑眉则是妩媚、妖娆的化身。所以，眉型的改变往往会在很大程度上给人以暗示。在生活妆中有不少运用眉型来表明心态的做法，有人喜欢用粗短的眉型来表明自己豪爽、洒脱的一面，有人喜欢用高挑的折眉来表明自己特立独行的一面，有人喜欢用平眉来表明自己善良、可爱的一面，还有人喜欢用稍锐的眉峰来表明自己刚正不阿的一面（图6-13、图6-14）。

所以说，要体现自己的性格，改变眉型是最佳的方法之一。具体做法可采用"画"和"剃"相结合的方法。所谓"画"，就是拿眉笔在缺少眉毛的部位补上适合自己眉型的眉毛；而"剃"则相对简单，用一把剃眉刀，将多余的眉毛逐一剃掉，然后结合眉笔，把剃掉的眉毛逐一补上，重新塑造出一条漂亮的眉毛来。

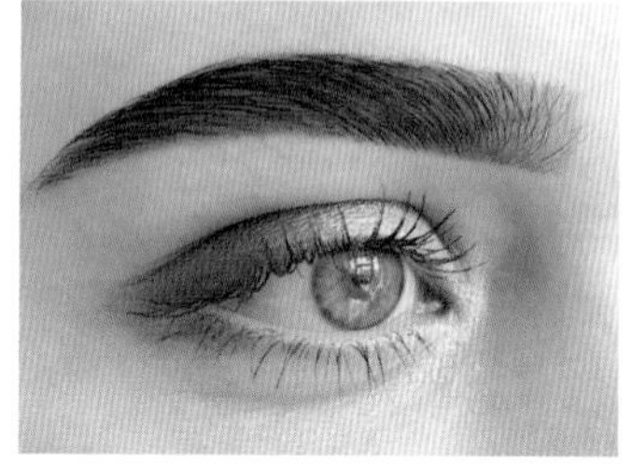
图6-13

图6-14

（二）从改变眼睛形状入手

改变眼睛形状可以从以下两方面来完成。

1. 变换眼影范围的高低

生活妆中的眼影打法，可高可低，这主要视个人的喜好而定。眼影在眼尾处淡淡地晕染至双眼皮皱褶处，会显得整个妆容通透有加，给人的感觉是精致而不失自然。倘若把眼影的位置稍加提高，涂抹的范围扩大到眼眉之间距离的一半以上，那么这个眼影的打法所营造出来的效果就不是单单"自然"两字可以概括的，还需添上"妩媚"等字眼。因此，眼影色的高低也可折射出人的性格特征（图6-15、图6-16）。

2. 调整眼线的粗细

眼线在生活妆中具有非常重要的地位，因为它对增加眼睛的明亮度具有举足轻重的作用。而在选择眼线的粗细

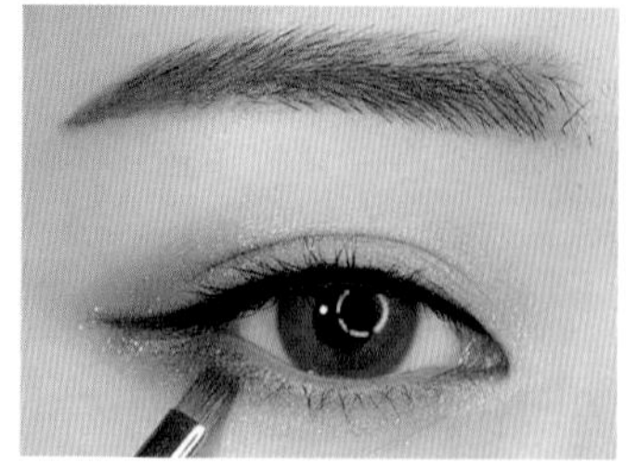
图6-15

上也能充分暴露出人的性格特点。一般而言，喜爱眼尾上翘的眼线者，大多性格开朗、活泼机警；喜爱细而长的眼线者，生活、工作都是井井有条的；追求眼头细、中间粗、眼尾细的眼线者，大多是中规中矩的性格，办事严谨有度。所以说，对人的性格判断，不应仅从眼影的高低来判断，也要观察眼线的粗细。要知道，在每一个细微之处，都能窥见到人的性格的流露（图6-17、图6-18）。

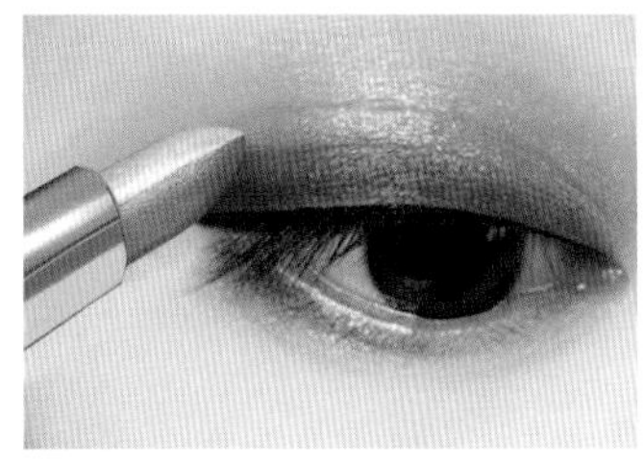
图6-16

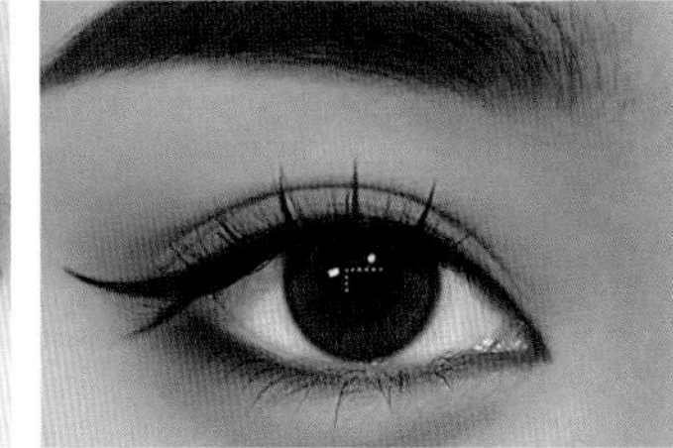
图6-17

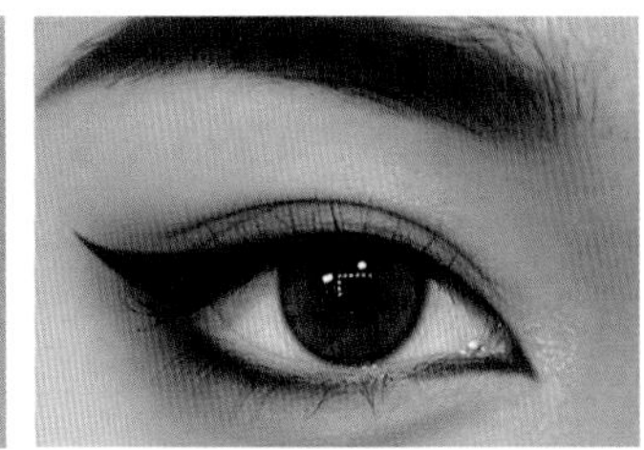
图6-18

第二节
时尚化妆与年龄

化妆要与个人的年龄相吻合，不同年龄段化妆的着重点不同。青春少女注重保持原有青春靓丽的感觉；而青年因为周围环境的丰富多变，对妆容要求也多，既要注重保养，又要懂得合理化妆；人到中年，对保养愈加看重，化妆要注意端庄、稳重感；老年人新陈代谢减缓，皮肤老化快，更需要保养，皱纹、色斑等虽不可避免，但是仍可以通过化妆来加以改善。化妆与年龄始终息息相关，无论从注重美还是从注重保养出发，都不得不借助化妆这个辅助手段。

一、年龄对化妆的限制

年龄对化妆的限制是显而易见的。自人类诞生后，就从未停止过对美的追求。儿童期时，虽不知道美的概念，但已有了对美的朦胧意识。如有的儿童要求自己挑选衣服颜色，有的儿童对大人涂唇膏非常好奇，总是跃跃欲试。儿童的皮肤滑嫩，富有光泽，呈中性，是许多成年人所追求的“最好的皮肤”。儿童正处于成长的关键期，心智尚不成熟，一般较少参加社交活动。个人所需也都是父母提供，一般对穿着打扮的要求也都是出于父母的要求。如果不需要参加特殊场合，一般不提倡给儿童化妆。进入青春期后，少女们对美有了新的想法，希望通过化妆使自己变得更青春、更靓丽。她们出入的环境相对比较单纯，校园里洋溢着活泼、青春的气息。所以这个年龄段女性的妆容一般都不会太夸张，修饰也是为了更“青春”。青年女性的化妆选择性要强一些，刚脱离了少女行列的女性朋友也可以选择比较青春的妆容。但是她们已经开始注意如何保养了，在追求美的同时，更加注重健康美容。这个时期的女性朋友已开始出入社交场合，生活环境丰富多彩。为适应不同的场合，可以结合自身特点，根据不同的环境来设计妆容，或青春、或艳丽、或端庄均可。

人到中年，一切都似乎安稳了。少了冲动，多了稳重。这时候的女性若是画青春妆，难免惹人笑话。顺应这个年龄段的化妆，一般以稳重见长。不提倡浓妆艳抹，但也可稍微着色，只是不宜太过，否则会给人以轻浮之感。稳重端庄的妆容最符合这个年龄段的特征，它能突出女性成熟智慧的气质。老年人的化妆基本以保养为主，可以通过化妆保养延缓老化，当然也不宜太过。以保养为主，适当修饰，可突出老年女性慈祥、和蔼的面貌。

二、不同年龄段人群的化妆技巧

不同年龄对化妆有不同的要求，而各个年龄段化妆所需要注意的点也不尽相同。

青春少女清纯天真，化妆时要保持这种天然淳朴的形态。所以少女化妆切忌浓艳，过于修饰就失去了这种天然的美好感觉。如果相貌比较理想，则不要进行过多的人工修饰，像画眉、上睫毛膏、打腮红都可以省略。每天晚上睡觉前，要将脸彻底洗净，不能带着一脸的灰尘与油污入睡。清洁脸部也可以使皮肤得到休息和保养，同时可以涂一些保养的护肤品。如果觉得自己的相貌有美中不足之处，需要美化修饰，则要以清新淡雅为原则，进行适度化妆，但仍以自然为主。如可以淡扫眉毛，用眉笔轻轻地描眉，以不露饰痕为好。如果遇到需要化妆的场合，也可以稍微浓重些，但要选择具有少女特色的妆容。可以选择淡粉色的腮红和眼影，涂上薄薄的一层，这会使女孩看上去娇美可人。少女的皮肤细腻娇嫩，充满青春的活力，若再细心地修饰一下，就会增添几分娇柔妩媚。

具体的化妆方法是：在清洁皮肤之后以轻拍的方式涂上化妆水，涂以滋润性乳液，再施米色系列的薄粉底，以免掩盖肤色的自然美。用细毛刷朝着眉毛的生长方向慢刷，最好不要过多修剪，补画一下眉尾即可。描眼线要清淡，上下眼线保持平行，避免有上翘的感觉。用棕色或淡红色眼影淡抹，不要粘贴假睫毛，以免修饰过度。颊部扫以淡淡的棕红色，能够增加脸部的立体感。唇部画过轮廓后，淡棕色或粉红色唇彩能使双唇饱满、柔润。少女妆应以棕、粉红色为主基调，虽是淡妆，却别具风采（图6-19）。

图6-19

十八九岁的女性青年，给人朝气蓬勃、超凡脱俗的印象，热衷十分新潮的现代打扮，既反传统又具有“中性”的美感。因此，化妆风格也应以此为基调。在选择化妆品时，要有意识地避开具有强烈女性韵味的颜色。可以选择咖啡色、蓝色、深紫色系列的化妆品，尽量避免选择传统女性喜欢的粉红色、肤色、橙色等色系的化妆品，免得让人感觉出浓郁的传统女性的韵味。而且在化妆风格上，要避开传统化妆风格中多曲线、多晕染的朦胧氛围。不要涂抹过多的美容霜和粉底霜，只要涂些护肤液就可以了。既保持皮肤原有的自然美感，又给人轻松自如的印象。另外，尽量不要涂腮红和眼影，如果必须修饰时，也要选择中性和冷调的色彩，避免用脂粉气很浓的暖色调，像上面提到的咖啡色、蓝色就很合适。

女性到了二十多岁，是魅力四射的最佳年华。这时候正应该将自己打扮得漂漂亮亮、光彩照人。这个年龄，可以选择化妆品中最鲜艳亮丽的色彩，如粉红色、淡蓝色、橙黄色、肉褐色等均可。化妆的效果能恰到好处地显出女性朦胧的美感，增加女性特有的韵味。在美化眼睛的时候，可以选择文眼线的方式，这可以省去许多时间。为了增加面部的立体感，可以稍微修饰一下鼻部，主要是画鼻的阴影，衬出鼻形的立体感。对于东方女性而言，这是十分必要的，因为东方人的鼻梁一般都不高，缺乏立体感，容易影响面部的造型。另外，还要注意画唇线时，要尽量画得美一些，利用唇部的优美曲线，起到点缀整个妆容的作用（图6-20）。

女性到了三十岁是最动人的时候，需要以成熟的化妆来展现美感。这个年龄段由于皮肤的黄色会有所增加，所以需要采用各种化妆技巧来突出优点掩饰缺点，按以往的化妆方法效果欠佳。此时的原则是：日妆要求淡雅，晚妆则可浓艳。要想使自己的皮肤显得年轻，可选用带粉红色调的粉底。在使用蜜粉时，可选择淡紫色调的蜜粉，即可使皮肤白皙，富有生气（图6-21）。三十岁以上的人，颧骨周围会逐渐失去弹性，这时可运用微笑法找到面颊鼓起的最高位置来扫腮红（图6-22）。

四十岁以上的女性，除注意皮肤外，一定要掌握好化妆技巧，才能尽显年轻。由于此年龄段的人，肌肉松弛较普遍，要掩饰细微的皱纹，可先用润肤剂，然后用小刷子蘸面霜轻轻描涂于皱纹处，再上遮盖膏，涂匀后方可上粉底。要使粉底涂得薄而均匀，最好使用湿海绵。为了使皱纹不那么明显，必须降低皮肤的亮度，宜选用高质量的蜜粉。平时要多注意饮

图6-20

图6-21

图6-22

食与健康保养，增加皮肤的内在养分，保持肌肤的青春活力。中年女性化妆的基本要求就是自然、端庄，千万不能选择青春少女式的新潮妆，那只会使自己失去魅力。选择美容霜时要与皮肤的色彩接近，切忌为了增白而涂抹过量的粉霜，最好选用油脂含量高一些的美容霜，因为中年人的皮肤一般比较缺乏油脂，利用化妆品加以弥补是最佳的办法。在涂腮红时要选用与褐色混合的各种红粉，千万不能涂色彩鲜艳的腮红。涂抹时，要尽量淡化，不要形成明显的边缘，以达到看似若有若无的效果。选择唇膏时，尽量选深暗的色彩。因为中年人的唇色本身就不鲜艳，如果涂了鲜艳的色彩，反而让人觉得很不自然。也可以参考衣着色彩来化妆，使自己的装扮既色彩丰富又浑然一体（图6-23）。

五十岁以上的女性化妆，应恰如其分、不失仪态，同时注意以下一些问题：粉底不宜选用比自己肤色过深或过浅的，而应选择接近自然的肤色。眼影不可使用闪光粉彩和油质的，因其会使眼部无神，给人以浮肿的感觉。涂唇膏时不要画唇线，唇膏的颜色应柔和，最好使用润唇膏。眉毛可根据脸型来设计，并加以轻描修饰（图6-24）。服饰的选择应避免大红大绿。因颈部是暴露真实年龄的部位，故最好选择高领衣服，或是用披肩、围巾、项链等饰物以转移别人的视线。眼镜最好选择两侧向上微挑的样式，以使人显得年轻。

人到六十岁，皮肤还未失去光泽，要使自己变得年轻，妆色要浓些，但不可太过分，以庄重、大方为宜（图6-25）。面部化妆前要施以护肤霜。六十岁过后，皮肤显得干燥、油脂分泌减少，所以应选择一些油性较高的护肤用品，由于这个年龄段的人皮肤粗糙，底色宜厚。若是皮肤稍黑，应以棕色打底，且要薄敷。要使皮肤有柔媚之感，腮红颜色宜淡，最好选用与底色相近的红色，薄施一层即可。若底色太淡，腮红应用粉红色。眉妆应庄重、大方，避免过分修饰眉型，以产生虚假的感觉。通常用棕色或黑色的眉笔稍加修饰，眉的轮廓不要太明显，两端浅、中间深，以体现老年人的风韵之美。

六十岁以后眼部皮肤变得松弛，画眼线可弥补眼睛轮廓上的缺陷。眼影以蓝、灰、绿等冷色为宜，底色可用棕、紫、黄等暖色。修饰睫毛有恢复自然的作用。若睫毛较浓、黑且

图6-23

图6-24

图6-25

长，可涂睫毛膏，使其突出；而淡、短、少的睫毛，最好用假睫毛修饰，效果会更好。鼻影可用浅红、棕红等颜色，旨在调整面部妆色，使其协调。鼻影要求淡而均匀，切忌留下明显化妆的痕迹。唇膏以淡红、肉红、玫红三色最常用。涂时上唇深、下唇浅，唇型要明朗、清晰。

除此之外，还需要发型、服装、服饰的协调搭配，才能体现老年人的神采。

七十岁以上老年人的皮肤易变干、发黄，甚至长出黑斑。老年女士可以选择一些护肤功能强的化妆品，如润肤液、护肤乳、洗面奶等，用以保护日益老化的肌肤。化妆前，应先擦些护肤霜。采用黑色防水眼线液画好眼线后，在上眼睑打上深褐色的眼影，并搭配金褐色，以减少眼部的浮肿。老年人的眉毛已逐渐稀少，看上去颜色很淡。画眉时要选用颜色不太深的眉笔，如果颜色过深，画得很浓，会让人有矫揉造作之感。所以，眉头宜打成浅灰色，眉毛则涂褐色。鼻子两侧也用深褐色做鼻影，用米白色涂于鼻中、前额及眼下各部位，使鼻梁高挺；两颊以深褐色做暗影，可使稍宽的面型缩窄。嘴唇可先涂层防皱霜，用褐色画轮廓线，中间配上浅褐色唇膏和适当的珠光唇彩。这样，老年女性的庄重、风韵便显现无余。

第三节
时尚化妆与环境

人们常说：做女人，一定要有韵。这种韵，既是个人独特性格、内涵的自然显现，也是不同场合下的风情万种。日常家居，体现女性的贤惠和温柔；工作单位，展示女性的干练与刚强；交际场上，施展女性的轻巧兼大方；旅游度假，则要悠闲、浪漫。最能展现个人韵味的是外在的妆容与服饰。

一、化妆中的TPO原则

国际上讲究着装的TPO三原则。T、P、O分别指Time（时间）、Place（地点）、Occasion（场合）。也就是说，在时间、地点、场合不同的情况下，人们的着装也有着不同的“软规定”。而现实中往往是这种情况，下班后若有个晚宴，就“整整齐齐”地去赴宴——还是那身职业装，而相应地也忽视了化妆，也就是说，该放松时身体和大脑却还保持着工作的惯性。看看TPO原则是怎样指导化妆的。

（一）端庄型

端庄型妆容适合工作等场合。化妆粉底要选偏白一些，用遮盖霜遮住脸上的瑕疵，使皮肤看上去干干净净。眉毛一定要强调眉峰，要有角度，眉毛下端要用浅色修饰粉来加强眉毛的重要性；眼影要尽量避免大红大绿的颜色，可选择比眉毛色稍浅一些的眼影色来表现眼睛的神采。腮红要打在颧骨下端、双颊凹处，以加强双颧的高突。双唇的形状要仔细描画，使眉毛、双颧和嘴部形成一个平衡的三角形。睫毛膏可以不用，或者只刷淡淡的一层。化妆色彩要以中间色为主（图6-26）。

头发要干净、光滑、有光泽，专人设计的短发（但不是很短）或肩膀以上的中长发型都不错。长发则最好向上梳，要看上去干干净净的。头发梳理时最好不要分缝，特别要避免中分，除非脸型适合中分。烫发时不要烫小卷，大波浪和自然的大卷较适合。

佩饰可以选择耳环，大小要适中，圆形、方形、椭圆形、纽扣形均可，看上去要贵重些，而非假首饰。要避免很长的或会叮当响的款式。

图6-26

（二）自然型

自然型妆容适合家居生活、运动、野外活动等场合。化妆粉底的颜色要比肤色深一些。眉毛不要修饰，不要拔除，看上去应是野性的、自然生长的。若要画眉毛，必须平画，不要眉峰，可在眉毛下端加上一层眉毛粉，以遮住眉毛的弯度，使眉毛看上去平一些、粗一些。眼睛可用浓黑的睫毛膏来表现，如果要更自然一点，则睫毛膏少用些；双唇不用强调，只需要淡淡地涂上亮光唇膏或浅色唇膏，嘴唇可涂得大些、丰满些（图6-27）。

图6-27

头发越自然越好，最好梳得松松的，长发、短发都适合。长发可结成辫子或扎马尾辫，中分、直直长长的发型最能表现自然。如果是短发可用泡沫霜抹在头发上，看上去湿湿的，好像刚洗过一般，也可以向后梳成一层层的层次发型。

佩饰可以选择耳环，选用天然材料制成的较佳，样式以圆珠小型的为宜。

（三）罗曼蒂克型

罗曼蒂克型妆容适合约会、参加喜宴等场合。化妆虽不强调脸上的任何部位，但皮肤要看上去柔软滋润，如朝露一般，粉底要浅两号，看上去粉嫩色的。眉毛要修饰一下，看上去圆圆弯弯的，如果眉毛天生粗黑，可以用粉底遮住一些，使颜色看上去淡一点。眼睛形状要画成圆形，两眼间距离较平常分开些。眼影也以粉色为主。唇膏最好用唇刷刷匀，不要描画唇型，以粉红色为主。腮红要画成圆形，好像苹果一般，也以粉红色为主。整体化妆要使脸上所有的线条看上去柔和而粉嫩（图6-28）。

图6-28

头发长短均可，但不可以短得像男子一样。要强调女性化的设计，向上梳或放下来都可以，卷发或波浪的发型都很适合，加上小花、缎带、发饰、花环等，更加强调女性化的柔美。前额一定要有刘海儿，这样看上去线条更柔和。

耳环不要太大，形状也不要太怪，要柔和，如心形、花形等，颜色不要太鲜明。

（四）华丽型

华丽型妆容适合参加晚宴、盛会等场合。化妆时睫毛膏要用得多些、粗浓些，眼睛的上、下眼线不可少，以表现眼睛的深黑、明亮而大。眉毛的颜色要和头发接近，但不要强调，眉型要修饰，眉毛可向上翘一些。双唇要描边，色彩要鲜明大胆，多加大量亮光。眼睛四周及双颊要加上亮光或浅色修饰粉，腮红不要太红，越淡越好（图6-29）。

图6-29

头发蓬松，小波浪要多，要强调刘海儿的变化，分不分缝都可以，最好染上流行的颜色。

耳环要大，超大型的更好，设计大胆、活泼，形状要特别。如亮晶晶的水钻或发亮的耳环都可以。耳环形状上以方形、三角形、水滴形、圆形为佳。

二、运动妆因环境而变化

宜人的天气，化上一个轻松洒脱的运动妆，结伴去户外放风筝、打网球或是健身，享受“运动美人”的乐趣，该是多么的惬意!

富有运动气息、自然、健康是运动妆的特点。由于运动的关系，皮肤会出油、出汗，化好的妆会很快脱落，甚至会造成毛孔堵塞，皮肤还会吸收一些化妆品中的不良成分。所以，运动妆要根据运动量大小、外部环境等因素来确定化妆的重点。运动妆强调气色，自然不造作，清新有朝气。

化妆的重点是眼部和唇部。由于运动风格妆着重自然，所以乍看会看不出化妆的痕迹，不过人的气色绝对是在最佳状态。如果担心因为流汗而脱妆，可以选用防水或有持久效果的彩妆产品。不过要因人而异，基本上只要适时补妆即可。而充分的妆前准备则是化好运动妆的前提，其步骤如下：

第一步，洁肤后，用化妆棉蘸取有软化角质功效的化妆水轻擦全脸，借助棉片中的纤维去除皮肤上的污垢及多余油脂，可以稳固妆容，使之持久。

第二步，选择适合肤质的润肤霜、营养霜补充水分和滋润皮肤，使皮肤保持不干燥，做好皮肤的基础保养。

第三步，擦防晒霜，隔离脏空气与化妆品中的铅质与色素。

以上是化各种运动妆时需要注意的基本事项，下面对不同运动类型化妆时所需注意的问题进行分述。

（一）活泼轻快健身妆

随着节奏奔放的音乐做健身操，运动量较大，容易出油、出汗，化妆的重点应放在眼部和唇部（图6-30）。

图6-30

眼影：用毛质柔软的眼影刷将米黄、浅棕、淡绿、肉粉等色调，配合柔和的亮彩、闪粉刷满上眼睑，使眼部看起来洁净而明亮。

眼线：如果要画眼线，最好选择防水眼线笔和眼线液，以防止因出汗或出油造成脏妆。细细的眼线在眼尾部上扬，别具神采。眼线的色彩也可以大胆尝试，除了常用的黑色、咖啡色以外，近年来，紫色、墨绿色、深蓝色、古铜色等因新奇而富有动感，也颇受欢迎。

唇膏：选用粉质、不易脱色的防水唇膏为好。

服饰：选用莱卡材料的健身服、运动棉袜、有氧舞蹈鞋等。

（二）轻松随意风筝妆

春天，在宽敞的空地上放风筝，看风筝在空中飞舞，既能开阔视野、放松心情，又能随着风筝跑动，呼吸新鲜空气，但皮肤会不可避免地暴露在阳光下。因此化妆时，可以省去粉底，但最好擦上防晒霜，同时眉毛和唇部要适当着色，以显露出女孩子活泼娇媚的青春本色。

眉毛：眉色不宜过浓，以咖啡色配铁灰色将眉毛不足部分填满即可。另外，运动中平直或稍稍上扬的眉型给人以丽质天成的感觉。

图6-31

唇妆：不需要描画唇型，选择接近唇色的唇彩，如浅豆沙、粉红等，在涂润唇膏后，用唇刷均匀涂抹。浓重的色调是风筝妆的大忌。

服饰：牛仔裤、夹克、帽子、运动鞋、双肩背包等都是放风筝时的常规服装，且尽可能选择颜色鲜亮一些的，这些都能与风筝妆相协调。

（三）清新靓丽骑游妆

骑游不但能享受明媚的阳光和新鲜的空气，经常骑游还能使腿部、臀部曲线更加优美。在踏上愉快的旅途前，千万别忘记略施彩妆。化妆时要着重五官的修饰，选择液体粉底和保湿型蜜粉的底妆，这是骑游妆的重点（图6-31）。

底妆：为配合金色的阳光与好心情，选用具有保湿作用的液体粉底着底色，颜色最好浅一些。在两侧下颌骨、颧骨和鼻侧等部位加上一层深肤色粉，不仅着色均匀、透气性好，还能使脸部立体生动，制造出小脸美人的效果。

另外，根据运动的程度再上一层蜜粉，能使面部保持干爽，看上去更细嫩。骑游妆因其运动量大，容易发生脱妆现象，所以每隔一两个小时都要取出吸油纸和粉补妆。

（四）简洁大方网球妆

打网球是一项极具挑战性和竞争性的运动。因其跑动较大，可以用隔离霜代替粉底或蜜粉；因为随时擦汗，容易引起眉色、眼线晕妆，所以只夹睫毛不刷睫毛膏，略施唇膏即可。

流汗是化妆的忌讳。运动时多少都会流汗，没有处理好的话，容易产生异味。运动风格的香水是不错的选择。运动风格香水不一定是运动时才用，它清新、淡雅的香味，在许多非正式的场合都派得上用场。重要的是，它有消除异味的功能，不会让人在运动时因为恼人的异味而产生尴尬。

总之，运动妆越轻薄越合适。化一个合适的运动妆，粉底要越薄越好，不妨以液状粉底混合少许保湿乳液或隔离霜，薄薄地涂在皮肤上，不但保湿效果佳，妆容也较持久；再者，尽量少用粉质产品如腮红、眼影等，以免流汗后粉质会随之脱落，一般以膏状产品为宜。

第四节
时尚化妆与服装

化妆除讲究技巧外，还要讲究与服装的搭配效果，两者相辅相成。下面就不同服装穿着场合，所需何种妆容的问题进行逐一探讨。

一、新人服与新人妆

很多准新娘、准新郎都满怀欣喜要当个漂亮的新人，而且年轻人创意多变，勇于尝试不同挑战，也为结婚景象带来新的意境（图6-32）。

图6-32

目前婚纱礼服十分流行个性化风格，使新娘体验充满设计感和变化性的礼服，其无与伦比的细致质感，会让新娘成为众星捧月、闪亮耀眼的焦点。新娘的彩妆与整体造型息息相关，不同主题的彩妆与造型，让每一位新娘都拥有完美的妆容、个性化的美貌，轻抹幸福色彩创造动人之美。

当然，如何选择出彩的新娘礼服和新娘妆，是一桩既烦心又欣喜的事情。化妆师虽满大街都是，然而技艺高超、能将女性最美好的一面呈现出来的化妆师并非人人可为。那么，怎样才能获得流行信息，化一个靓丽的妆容，寻到一名满意的化妆师呢？婚礼上该以什么时尚妆容示人呢？要想解答这个问题，先得对自己的性格和爱好有充分的认识。清纯、自然，还是略带些许华丽和高贵，须因人而异。然而，这还远远不够，了解最时尚的新娘妆容是准新娘们在婚礼当天自信满满地出现在众人面前的重要保证之一。

通过什么途径了解最新、最时尚的新娘礼服及新娘妆呢？可以借助网络，也可以从时尚杂志和报纸上获取信息。准新娘们在装扮前，最好能对这一季度的婚纱秀加以关注。因为婚纱秀不仅仅展示最流行的婚纱款式，著名化妆大师的完美新娘妆容也会在此刻首次公之于众（图6-33、图6-34）。

通常情况下，婚礼当天以较自然的本色妆为宜。由于不同的人具有不同的肤色、性格、气质等，所以每位新娘的化妆都需要进行特别的设计。化妆师首先要确定新娘肤色的色调，以免由于未分冷暖色调，而让妆容陷入误区。选择适合的色调，并根据新娘所喜爱的色调浓度进行调整。确定化妆的基本色调后，再根据一天中新娘礼服的更换来调整妆容。这样才能保证新娘在整个婚礼当天的妆容炫目而动人（图6-35）。

图6-33

图6-34

图6-35

（一）新娘妆的流行配色

1. 褐色和橙色

在眼角和靠近外眼角的部位施以偏暗褐色，中央搽上明亮的褐色。唇膏以橙色和褐色搭配，双颊涂上橙色胭脂。以此搭配，会使新娘显得容光焕发（图6-36）。

2. 灰色和粉红色

用粉红色眼影淡抹，淡灰色搽眉，而眉头要描得略深些，以使粉红色眼影表现出新娘的天真烂漫。在颧骨上淡淡地搽上一层粉红色胭脂。

3. 紫色和粉红色

在靠近外眼角的部位略涂些青紫色，以衬托出眼球的立体感。以掺有紫色的粉红色唇膏搽在嘴唇，并扫以同色的颊红，既求和谐，又感明亮。

4.绿色和粉红色

先微微搽出面颊如红云似的发亮肤色。而后对称地在眼眶上面搽一些淡绿色，唇膏里掺些绿色和粉红色时，应注意其透明感。

图6-36

（二）新娘妆的步骤

婚礼当天，新娘首先要清洁皮肤，然后擦化妆水、乳液和粉底霜。在上粉底时，粉底不能太白，且暴露于衣服外面的肌肤（如耳朵、脖颈、手臂等）都必须一起上粉，使肤色一致。然后用色彩不同的粉底修饰脸型，使脸部看起来优美柔和、妩媚动人。粉底打完后，再上眼影（可用粉质咖啡色作底，再涂以亮色眼影），使眼部显得明亮有神。根据鼻子的形状适当扫以鼻侧影，以使鼻子显得挺直而富有立体感。最后，用粉饼均匀地涂在脸部，使化妆品不易脱落，再扑上一层带亮光的蜜粉以固定化妆。然后，涂上有色唇膏，再上一层油膏或珠光唇彩，以使唇部增加几分艳丽。指甲应涂上和唇膏、眼影相协调的颜色，化妆完成后再仔细地检查一下，看有什么地方需要补妆。

图6-37

（三）新娘妆的注意事项

1.粉底切忌涂得太白太厚

这一点是在美容院、影楼化妆的通病。现在的化妆趋势讲究素雅、自然，新娘妆当然也不例外。将一张自然的面孔涂得又白又厚，像木偶的脸似的，这是错误的化妆方法。准新娘在洁肤之后，适当地擦些化妆水，以粉色作为打底的颜色。不过，新娘妆的肤底，为了最大限度地达到自然的效果，可依各种颜色调配成比自己肤色稍深的底色。圆脸型尤其适合深一号的粉底，因为这样会使脸型看起来小些。脸小者则反之，但不宜太白。总之，要使新娘脸部的皮肤看起来柔嫩而美丽。涂完粉底后就可开始第一次打影，眼影、鼻影是修正脸型的工作。修正脸型是弥补脸部缺点、发挥优点的有效方法（图6-37）。

2.假睫毛不可太浓密

眼睛是心灵之窗，最能影响人的整个外表，所以眼睛是化妆中最重要的一环。给眼睛戴上合适的假睫毛，将使眼睛更大、更媚、更灵活。但假睫毛若是太浓密反而使眼睛混浊，远看只见两只黑洞，毫无美感可言。最好在上眼睑戴上自然柔软的假睫毛。如果是单眼皮的新娘，可以视眼睛大小贴上美目贴，再画眼线。画眼线时，中间稍宽，两端要细，且要紧贴睫毛根部。

3.肤色全身上下要一致

时常看到一些女孩，脸上涂得白白的，而颈部、胸口、耳朵及手臂却是黄黄的，似给人戴

图6-38

图6-39

图6-40

了面具之感。成功的新娘妆，面部与身体其他部位凡是露在外面的皮肤，其颜色都应该一致，没有色差（图6-38）。

4.色彩要调和

色彩调和，是指包括眼影、唇膏与指甲油之间的色彩协调问题。通常缺乏化妆经验的新娘任由化妆师处理。对于有正确审美观念及对色彩学有一定研究的化妆师，当然是可以信任的，但对一些缺乏美学修养的化妆师则不可完全信赖。记住一项原则，即每一种色彩都要与当天穿着最长久的那件礼服颜色相协调，这样就不会离谱。

5.化妆应与发型、服装、配饰相协调

什么样的妆容适合什么样的服装、发型和配饰，应该是通盘考虑的，切不可割裂开来。否则，会有不协调、不匹配之感。化新娘妆时，应考虑礼服的款式、色彩、长短等因素。着欧式礼服时，化一个时尚的小烟熏妆是一个不错的选择；着中式礼服时，化一个端庄、喜庆的妆容，会为着装增光添彩。再加上发型、配饰与妆容的相互呼应，整个装扮会风范十足（图6-39）。

（四）新郎妆的巧妙配色

新郎妆要非常自然，千万不可给人矫揉造作的感觉，毕竟新娘的娇俏可爱还需要新郎稳重大方的外形来衬托。如果新郎妆容过于浓郁，反而抢夺了新娘的风采。所以，在化新郎妆中，咖啡色系是主打颜色。如自然肤色的粉底液配浅咖啡色的腮红、深咖啡色的眼影、黑色的眼线、黑色的眉粉、无色透明的唇油等，就可以打造出一个帅气的新郎形象。切不可在新郎的脸上涂抹花花绿绿的色彩（图6-40）。

（五）新郎妆的注意事项

新郎的化妆更多是为了衬托新娘的妆容。所以，在化妆时应注意以下几点：

一是涂抹的粉底要尽可能突出健康的肤色，不能太粉太厚。

二是眉型要在保持原有形状的基础上，加以适当眉粉稍做提升即可。

三是眼线的描画可适当加粗，而眼影色的涂抹则要局限在眼皮皱褶处，不可范围太大、太高。

四是嘴唇的色彩要尽量减弱，有时候只涂一层薄薄的

图6-41

唇油也能尽显男儿本色（图6-41）。

（六）新人妆与服装的关系

新娘、新郎的化妆、装饰都应该以服装为主（图6-42）。新娘结婚当天所穿的服装，应该是同一色系，这样才便于打扮；化妆应配合服饰，而不是以服装适应化妆，服装可以随便更换，但化妆会大费周章，所以服装最好选用同一色系。千万不要一会儿穿红色礼服，一会儿着黄色礼服，试想这种完全不同的色调，让化妆师如何去选择眼影、唇膏和指甲油的颜色呢？如果准新娘个性活泼、开朗，那么就选择黄色系的服装，包括橘红色、奶油色、绿色、棕色等，这样绿色眼影、橘红色唇膏和橘红色指甲油就是一个不错的妆容色彩系列。

如果新娘是个性文静、成熟的女孩，那么就干脆选择属于粉红色系的服装，包括红色、白色、蓝色等（图6-43）。化妆色则以蓝色的眼影、粉红色的唇膏和指甲油为首选组合。大部分地区婚礼习惯穿红色，因为红色是办喜事的传统颜色，如果偏爱黄色，不妨只做一件红色的衣服，安排在最不引人注意的时候穿着，而当天的打扮，仍旧以黄色为主，这样就不会为难化妆师了，更不会使色调不和谐（图6-44）。

图6-42

二、日常服与日妆

日妆又称生活淡妆，用于一般的日常生活和工作中，表现在自然光和柔和的灯光下。它是通过恰到好处的方法，强调突出面容本来所具有的自然美。妆色清淡典雅，自然协调，是对面容的轻微修饰与润色，突出人的自然生动、可亲可爱的一面。

（一）日妆的特点

一般日妆需维持较长时间，要使妆面持久光辉，上妆时要避免草草地将化妆品涂在脸上。日妆的特点是自然、淡雅，千万不能让人觉得脸上似戴了一副面具。在化日妆时，粉底的处理是比较关键的一步。

图6-43

图6-44

它和眉、眼、腮红、唇彩在一起营造的应是薄而透的效果。在对脸部的处理上，能不矫正的就不要去矫正，保持脸部最原始的状态是最好的。因为经过矫正的脸总会留下痕迹。按照要求，可以把日妆分为以下两种。

1. 快速型日妆

顾名思义，就是要在短暂的时间内迅速地将妆面完成，最好是在5分钟之内完成，并要保持素雅的容貌，同时要注意根据当天的服装来化妆。粉底、眉毛、嘴巴是重中之重。只要能快速地处理好这三者的打法和画法，那么快速型日妆就算完成大半了，然后再根据需要对眼睛、脸颊酌情加工。

2. 自然型日妆

自然型日妆就是将简单的化妆与简单的服饰和发型相配。选取五官中最有代表性的部位加以重点刻画，而对其他部位则加以一定的淡化。这里的重点刻画并不是说要化很浓的妆容，而是指要仔细化妆，本质上仍以自然为主（图6-45）。

图6-45

（二）日妆的注意事项

1. 上粉底

要突出天然美，其重点在于粉底的使用。在日光下，面部的瑕疵会明显地显露出来，这就需要粉底的修饰。一般情况下应选择一种与肤色相近的粉底霜，作为长年使用的主要粉底。如果脸上的色斑较多，可用遮盖霜或者掩盖力比较强的粉底霜进行修饰。但要注意的是，粉底不要打得过厚、过多，尤其在赶时间的时候，用手指沾上粉底，点在眼角、眼圈或脸上有斑点瑕疵的部位再轻轻地推匀，也一样可以完成良好的粉妆效果。

2. 涂腮红

在色泽的选择上不宜太艳，一定要与自己的皮肤色调相协调。最好是淡扫两颊，使皮肤在柔和的自然光下透出红润，显得健康、充满活力。

3. 眼妆

用刷子蘸取眼影粉画眉毛，不要过浓过多。然后就是眼影的选择，画眼影不需花太多时间，选用淡粉色、淡橘黄色的眼影，在靠近眼睛的双眼皮皱褶处淡淡地化上一层即可，切记不要超出双眼皮过多。描画眼线要紧贴睫毛根部，下眼线要淡，可以画成虚线。眼线画好后，用手指轻轻向上晕染开，然后用茶色眼影膏在已经晕散的眼圈上淡淡涂一层，形成晕圈，以达到自然柔和之美。睫毛膏最好选用黑色（这是最容易上手的颜色），上睫毛膏能让双眼变得炯炯有神。

4. 涂唇膏

唇膏应以接近肤色为主，应避免选用艳丽的红色，可选用棕红、深红色唇膏。如自身唇色好，只涂唇油使之富有光泽就可以了。

（三）日妆对日常服的要求

日妆和日常服关系密切，两者应相辅相成（图6-46、图6-47）。一般而言，日妆应是为日常服服务的。在化日妆时，只要选取日常服中最大块面的色彩作为妆容的主打色，那么不管怎样，日妆的选色就已成功了一半。对日常服的要求如下：

1. 日常服不能太松垮、随意

因为日常服不等同于一般的休闲装，它是一种半正式的服装，所以还是需要着装者作稍正规的打扮。

2. 日常服在搭配上应以舒适、淡雅为主

就像日妆一样，日常服的穿着搭配上也应讲究自然、淡雅、和谐，配饰不可多。有专家指出，"每个人身上的亮点不能多于三个"。所以，适当的点缀是可取的，但切不可让配饰的光芒夺走化妆和服装的闪光点。

图6-46

图6-47

三、职业服与职业妆

职业女性是都市里一群不甘寂寞的精灵。她们总是把生活经营得有声有色，时刻彰显着优雅和美好。恰到好处的职业妆对职业女性必不可少，典雅而不高傲，时尚而不张扬（图6-48）。

（一）职业妆的特点

漂亮的女性职员是办公室里一道亮丽的风景线，她们整洁的容颜、符合标准的着装、温柔的微笑和干练的举止让办公室充满了生机与和谐的气氛。职业妆的亮点就是利用简单的方法、清爽的色彩营造美丽，职业女性们从中品尝到自信的美丽。因为面貌的修饰和心灵的修饰一样重要，是一种内在美的外在表现。职业妆不同于其他妆容，它受办公环境的制约，妆不可过于细腻，在色彩和眉、眼、唇的形态上都应有所选择。简单概括职业妆的特点：轮廓分明的五官，沉着冷静的双眼，若隐若现的腮红，厚薄匀称的双唇。

（二）职业妆的化法

1. 粉底

杂志上那些皮肤透明无瑕的模特令人羡慕，但那大多是优质粉底产生的效果。职业女性应选择与肤色接近的粉底色，若粉底色太白，会有"浮"的感觉。粉底不可涂抹

图6-48

过厚，可用拍打的手法薄薄施上一层，注意发际与颈部要有自然的过渡，以免产生“面具”似的感觉。黄褐色是一种年轻、健康的颜色，使用它不仅可适当遮住脸上的瑕疵，还可使人显得朝气蓬勃。无论哪种底色，都切忌涂厚，不要让同事整天面对藏在一副面具背后的假脸。另外，应在营养霜完全吸收后再上粉，以保证均匀的效果。

2. 定妆粉

定妆粉的原则是保证面部无油腻感，但又不失透明度。腮红应以暖调为主，为了使肤色更明快，应选择粉红或橙红，因为粉红是健康的色彩，而橙红是较有个性的颜色。眼部色彩应与腮红、唇膏相一致，给人妆容色调统一的好印象。文员职业妆的腮红不可强过唇彩，重点是利用柔和的色彩使整个妆容更加亮丽，缓和办公室的紧张气氛。

3. 眉妆

眉毛的形态可以说是职业妆印象的关键。因眉毛可使人的面部表情发生变化。眉过细、眉向下，都会给人不可信的感觉，并且在修眉时，要尽量避免修得过于“女人味”。高挑的细眉，很有女性柔媚的韵味，但在办公室里最好的选择应是稍粗而眉峰稍锐的眉型，显得能干而精明。如果眉毛比较杂乱或眉梢向下，可利用周末比较宽松的时间拔除杂眉，用小剪刀修剪出比较清晰的眉型。随着眉型的改变，人的脸瞬时就焕发出熠熠生辉的神采。

4. 眼妆

刚劲有力的眼线既可以提升眼神，还可以强调妆容的职业感。用黑色眼线笔从眼睛中间开始描画，然后在眼尾微微拉长，从而形成一条清晰的眼线。以最容易展现出色泽感的珠光银色眼影为重点，用中号眼影刷刷在上、下眼睑处，框住整个眼睛。清爽的色彩正是利用了清晰的眼线，来凸显东方情调和清爽干练的职业感。黑色的睫毛膏一根根涂在睫毛上，上、下都要刷到，精致上扬的睫毛是让眼睛放大、明亮有神的重点（图6-49）。

图6-49

5. 唇妆

许多职业女性都有这样的经验，因熬夜而苍白憔悴的脸只需抹上一层唇膏便可大为改观，显得精神许多，所以许多女性即使平时不怎么化妆，手提袋里也会有一支唇膏。不用唇线的自然唇妆如今又成为时尚，有透明感的唇彩，可以不用勾勒唇线，选择接近或比自己唇色略深的色泽，轻而薄地涂于唇上。唇角圆滑、唇型小巧的精美唇妆，色彩自然是关键，颜色过暗、过艳，唇型夸张都不适合。粉色、橙色系唇膏在办公室里很受欢迎，而各种亚光暗沉的红色与紫色以及亮光唇膏则不太适合办公室的工作气氛（图6-50）。

图6-50

职业妆的色彩不能过分炫目，亦不能混淆模糊，应给人一种和谐、悦目的美感。以暖调为主的色彩，如粉色及橙色系能使肤色显得健康而明快，很适合在办公室使用。妆容的色彩应是同色系的，如眼影与唇膏的色彩应该协调呼应。在办公室里眼线可以不用，特别是应避免使用深色的下眼线，因为那会让妆容显得做作而生硬。即使在严肃的工作场合，也不要把表情固定化。精致合宜的妆容配上单调无变化的表情，总会让人觉得有些遗憾。轻松、机敏而生动的表情会让人感动，夸张的神情更是应该避免，过多的眼部运动会显得有些神经质，缺乏稳定性和承受力。那种发自内心的微笑，是不用花钱的最佳化妆品，因为微笑是一种令人愉悦、舒服、放松的表情，能打破工作中产生的僵局，消除双方的戒备心理。只是，在强大的工作压力之下，仍能常常微笑的女人，在我们周围永远都不够多（图6-51）。

图6-51

（三）职业女性仪容须知

上司最喜欢踏实能干、看着又顺眼的下属，所以，作为职业女性，一定要掌握自然大气的化妆原则。下面几种方法不妨一试：

1.露出额头或许可变美

许多人虽然拥有宽而丰腴的额头，却喜欢用头发加以遮掩，其实不妨试着梳起额发，将会发觉自己的这一优点。当然，脸型呈三角形的另当别论。

2.露出耳朵可使脸部更明朗

齐耳短发盖住双耳，通常给人一种黯然无光的感觉，而露出双耳可使整个人显得精神焕发，即使只露半边耳朵，效果也不错（图6-52）。

3.眼影切忌浓艳

颜色过于浓艳的眼影不适宜在办公的氛围中使用，肉粉色、豆绿色、橘色、浅蓝色眼影可以使眼睛产生清爽、亮丽的感觉，不会令人产生反感。

（四）职业装对职业妆的要求

由于过去人们在认识上的误区，认为职业装就是工作服，面料单一，款式陈旧。其固定的模式与单一的款式使职业女性的着装陷入了一种沉闷的风格中，

图6-52

从而掩盖了女性特有的风采。如今，随着新开发的高支花呢类、轻薄型新型莱卡类等面料的层出不穷，使得职业装具有了时代风采，也改变了传统职业装品种单一的现象，出现了职业装“花开多面”的新气象。设计师们在原先呆板的职业装中加入了每季的流行元素，使职业装具有灵动与时尚的感觉（图6-53、图6-54）。这种渐趋多样化的势头也对职业妆提出了挑战。职业女性需要在不同的场合，体现出得体的妆容。作为有品位、有气质、优雅而又精致的职业女性，不可以素面朝天，更不可以装扮得过于浓艳或不恰当的妩媚。职业妆也因人而异，但其共性是应该体现出女性的健康、自信。

图6-53

图6-54

四、晚礼服与晚妆

“云想衣裳花想容”，相对于偏于稳重单调的男士着装，女士们的着装则亮丽、丰富得多。得体的穿着，不仅可以显得更加美丽，还可以体现出一个人良好的修养和独到的品位。

在美国某些地区，按照当地的习俗，孩子们在高中毕业的晚会上，要第一次正式地穿上礼服，这是迈入成人年龄的一个标志。整个学校的孩子都会非常重视这个晚会，以往调皮捣蛋、嘻嘻哈哈的孩子也要在晚会上表现出与众不同，这既是一种风俗习惯，也体现出重要场合的着装文化。不难想象，在光彩照人的晚会上，少男少女们穿着礼服，表现出淑女绅士的优雅和不凡气质，让所有的人都感受到一种尊重、一种关爱，并从中憧憬着自己的未来。在欧洲，悠久的历史文化更是强调礼节文化的重要（图6-55）。

图6-55

（一）晚礼服在中国的现状

中国自古就是“礼仪之邦”，对着装的要求非常讲究，但令人感慨和遗憾的是，在对晚礼服的态度和观念上，并没有形成规范的礼仪，也没有与日常服区分开来，这也是东西方服饰文化的差异所在。中国人很少有穿晚礼服的场合，所以好多人也不了解其间的文化。在国内，为什么大家总是感觉T台上模特们表演的服装离我们很远？就是因为我们的生活中还缺少这样的着装氛围和场合。而在国外，T台上展示的服装首先都是在一些重要的宴会和晚宴上穿

图6-56

图6-57

图6-58

着的，之后逐步过渡到平民百姓生活中的服装，是被改变和演绎、削繁就简的服装款式。也就是说，服装的精华部分被保留，而不实用的部分则被剔除。

西方的服装设计大师认为："服装不能造出完人，但是第一印象的80%来自着装。"可见，穿衣是"形象工程"的大事。人们从远处看人，收集对方的信息总是从服装的颜色起步，然后才是款式、化妆等，这些"外在"因素综合起来则能体现出"内在"的人的精神风貌，展现出一个人的气质和素养（图6-56）。

中国经济的不断提升所带来的富足生活，正促成了正装、晚礼服及休闲装等各类不同的服装文化氛围。为了更加彰显时装服饰的语义，人们真的应该去营造更加多种多样的时装氛围，为时尚化着装创造出更多的文化内涵。

（二）晚礼服与场合

1.轻松型晚礼服

轻松型晚礼服常应用于一些时尚的派对，或与比较亲密的朋友聚会等，出位是着装的总方针（图6-57）。这种轻松型的晚宴着装要展现出自我性情，或活泼，或可爱，自由度较大。丢掉伪装，做个派对女王，狂野派对的关键就是要有个性，平时在大街上不好穿的服装现在尽可以穿。出位、性感、醒目，款式上露背装、吊带都是上选。颜色上桃红、草绿，都可以搭配。一些夸张的耳环、手链、项链可以起到画龙点睛的作用。到了年末，各种各样的时尚派对也许比中规中矩的商务派对要诱人得多。灯光迷离的酒吧是这类派对的首选地点。天生爱美的女人们，大可以趁此机会，装扮一个与白天工作时完全不同的自己，性感的、酷毙的，尽情尝试各种风格。对于没有要求，但写明正装或盛装出席的派对，可以按照自己喜好的风格，尽量张扬即可。可以选择红色、橙色等鲜艳抢眼的色彩，黑色的晚装也一定要有鲜亮色彩的配饰提神。

2.商务型晚礼服

商务型晚礼服常应用于重要的公司活动等，以端庄、优雅为妙（图6-58）。

一到年底，某些公司为答谢客户，特举办一些与客户沟通联谊的酒会和晚宴。这种派对大多会在星级酒店中举行。这样的场合和商务性质决定了端庄优雅的晚装才能符合这种场合及派对的主题。这种类型的宴会着装一般要求稳重、大方、得体。因为这不仅仅关乎个人，更代表的是公司的形象，是一个融合体。在国外大公司的派对中，通常有不少女性穿着华贵且性感的晚装。但目前国内对晚装穿着还处于较为保守的状态，除了四肢，只露出颈、肩、背的小晚装穿着更稳重。

图6-59

3. 宴会型晚礼服

宴会型晚礼服常应用于婚礼等场合，体现隆重、高雅（图6-59）。

着装要求：能体现场合要求的氛围，或喜庆，或庄重。一般要求穿正装的场合，会场都比较大，组织者希望来宾能够穿着讲究，套装、小礼服等都可以。女装可以多露一些肌肤，着深色的服装，衬托出皮肤的质感。闪光的装饰亦有锦上添花之效果。这种活动通常规格比较高，出席这种场合需要精心打扮，这也是能充分体现个人魅力的时候。作为主要来宾更是要穿着讲究、亮丽。“盛装”一般是指晚礼服或民族的传统服装，如参加中国式的婚礼，就可以穿着中国传统的旗袍款式。

（三）晚礼服与体型

体型按照高矮、胖瘦大体可以分为四类，即丰满型、瘦弱型、娇小型、标准型，每种体型都有与之相配的礼服。

1. 丰满型体型

体型丰满者适合穿较深颜色的礼服，一般不宜选择视觉上容易造成膨胀感的色彩，如浓郁的玫瑰红。另外，应选择有线条美感的礼服。上半身较丰满者适合穿稍微低胸的设计，如深V字领、无肩式或细肩式设计，不适合穿高领式礼服和上身设计夸张、腰间装饰少的款式。下半身较丰满者适合蓬蓬裙，应避免窄摆式，此类体型者不适合穿贴身、线条过多的礼服，那只会暴露身材的缺点。

2. 瘦弱型体型

体型瘦弱的女性适合高领或圆领、长袖的礼服，有点厚度的面料及艳丽的图案装饰都可以修饰过瘦的身材。A字裙可以让身型更有曲线感，也是一种不错的选择。露背、削肩式设计不适合瘦弱型体型。

3. 娇小型体型

对于身材娇小的女性而言，如何使自己的身形显得更为高挑，应成为选择礼服的一大重点（图6-60）。简洁的设计，V字形微低的腰线、人字腰、中腰、高腰、纱面、腰部打褶的白纱等设计，都可增加修长感及平衡身材的比例。切忌裙摆过于蓬松、肩袖夸张，这些容易造成头轻脚重的视觉效果，突出身材短小的缺点。宫廷式的大下摆亦容易给人笨重的感觉，应尽量避免。

4.标准型体型

体型标准者的选择面较广，不受颜色、款型的限制，可以尝试各种类型的礼服。鱼尾裙摆的礼服，更能体现其身材优点。大摆裙搭配长手套，可以使身型显得更为纤细，不失为一种好的选择（图6-61）。

图6-60

图6-61

（四）晚礼服与首饰

晚礼服要与妆容相协调，离不开首饰的点缀。从审美的角度讲，并不是首饰越复杂越美丽，戴得越多越富有。如按照戴戒指的礼俗来说，戴在不同手指上的戒指拥有不同的含义：无名指代表已婚，中指代表订婚或已有意中人，食指表示正在寻求意中人，小拇指表示独身主义。有些人三个手指都戴上戒指，显然是不懂得礼仪语言，也破坏了审美的效果。

在正式场合为了与礼服搭配，应该选择高品质的首饰，这些首饰并非一定要强调天然、昂贵，但一定要制作精美、显档次，佩戴粗制滥造的首饰会降低自我品位，且不要佩戴太过夸张、炫目的首饰。

首饰的佩戴要与整体和谐，不同的场合选择不同的配饰。若是白天活动，女士可戴不太抢眼的首饰，而且不宜过多；而着晚礼服出席晚七点以后的活动时，就得挑选富有光泽的珠宝、钻石和金银饰物了。若要追求华丽，金色最好；若要体现高雅，铂金是上佳选择；而永不过时的珍珠项链，则适合女士在多种场合佩戴。此外，别致的胸针或发夹，也可为佩戴者增添光彩。胸针的正确戴法是别在左胸上方，如受领子影响，也可别在翻领上。

传统中国女性注重的首饰是项链和戒指，而西方女性则对耳环格外青睐，因为她们认为耳环最能显示人的面孔，还能把一件普通的衣服衬托起来。在社交场合尝试戴一副简洁的耳环，一定会给人以深刻的印象。近年，丝巾作为饰品逐渐成为一种时尚，尤其在出席晚间活动时，将其打出各种花结系在脖颈上，会给人耳目一新的感觉，如水手结、双球结、蝴蝶结等。

图6-62

（五）晚礼服与晚妆

晚妆相对于日妆要浓重一点。因为夜间光线弱，较淡的妆容凸显不出效果。为配合夜间闪烁的灯光，相对地呼应光线的折射，可用些闪光类的眼影、唇彩等以加强效果（图6-62）。“晚妆初了明肌雪，春殿嫔娥鱼贯列。”这是五代南唐诗人李煜对晚妆的绝妙概括。为了适合舞场与烛光，嫔娥们浓妆艳抹、画眉点唇，光彩照人。古人尚且讲究晚妆的效果，作为21世纪的现代女性，自然也要注重对晚妆的把握。

1. 特点：强调轮廓感

晚妆是在完全没有自然散光的光线下的妆容，较容易表现轮廓感。化好晚妆，要学会用明暗、修饰技术和线条勾勒的化妆方法，丰富轮廓感，着色也需浓艳些。

2. 要点：选定主题

晚妆是化妆技艺中要求较高的妆型，不仅需要适应相应的场合，还要与人的服饰和气质、风度相配合，建议请专业化妆师来为自己的妆容进行设计。

3. 重点：强调层次感

晚妆的亮点是眼睛、唇部和双颊，这些部位的立体层次非常重要。如唇部主体为唇色，中部可选择富有光泽的唇彩或唇油，造成生动、丰富迷人的立体效果。

4. 色彩：突出主题

晚妆较多选用紫色、玫红色、银灰色、蓝色等突出主题的色彩，并较多采用带有荧光的眼影或突出重点的亮色，在夜晚的灯光下与有光泽的服饰交相辉映，提升了晚妆夺目的表现力。

五、艺术服与艺术彩妆

一般而言，艺术服是服装艺术中的“艺术”，是颇有个性的设计师为了传达自己的设计理念或表达某种思想观念而设计的艺术作品，是将精神通过物质的形式加以外化，从而达到一种引人共鸣的效果。艺术彩妆是因艺术服而产生具有艺术性质的妆容，最终目的就是能更好地衬托所要表达的主题，通过化妆技巧使两者相得益彰（图6-63）。

如何将化妆升华成为艺术，不仅需要敏锐的感悟性与独创性，还应具有卓越的指导能力、独树一帜的艺术审美能力。彩妆界没有固有的规则，相对自由的艺术表现手法促成了前卫的艺术彩妆花开多面的现象。要展示与众不同的崭新形象，就要标新立异，同时所创造的艺术又应是美丽的。在达到这一目标的基础上，才能追求新异，才能在创作中展现新鲜的概念。

诠释美丽是追求新意的必要前提。如何让艺术彩妆与艺术服相融相称，共同演绎源于心灵的创作呢？

（一）影响艺术彩妆表现的要素

对于擅长艺术彩妆的专业化妆师而言，第一要研究的是模特所着艺术服的特点，诸如颜色、结构及所要表达的主题等。只有摸清、理解了这些，对彩妆艺术的独有领悟和精辟运用才有用武之地。这是首要条件（图6-64）。第二是如何根据着装、模特气质、主题内容来设计艺术彩妆。不同的主题，可以用不同的

图6-63

图6-64

图6-65

图6-66

手法来加以表现。在色系上，既可以选择同一性，也可以选择互补性，两个选择都有可能出效果，也都有可能不出效果，关键是能否把握好“度”。恰到好处的同一性，显得整体融合而协调，不会太突兀。而过于统一的话，则会显得呆板，没有特色。同样，选择互补性也要防止过度，互补只要能起到“画龙点睛”的效果即可（图6-65）。第三是确定能表现主题的色彩。色彩是一种神奇的自然现象，影响人的精神和感情体验。例如，黄色代表着一种领悟力，是辉煌和明亮的色彩；红色是一种使人感觉温暖、热情、恐怖和扩张的色彩；蓝色却象征着遥远、冷淡、宁静和收缩。如果艺术彩妆运用色彩来表达特定的情感主题，再结合人的个性特征，必然会使人感到有特别的新意，是人的意识与大自然的默契交融，给予人以全新的美的感悟。如果艺术彩妆想要表达热情如火，那么从底色到眉、眼、鼻和唇型以及人体的刻画上，也必须表现出亲切、和善及惹人喜爱的温情（图6-66）。

正确运用色彩表现特定主题时，要特别注意保持颜色的干净性，不要太多或太少，要恰到好处，以免弄脏面部和躯体，并且要注意特定的色调倾向。如果是表现冷调子，那么在使用红色时就不要太过分、太强烈，要与其他冷色有机结合；反之，如果是表现暖调子，用太多的蓝色与绿色就会不协调，也不能表现自然真实的肌肉效果。

（二）艺术彩妆与发型

化艺术彩妆时，发型设计有很大灵活性。艺术彩妆是在人的面部和身体上展示的，所以发型设计也要纳入作品的整体构思之中。发型设计不必受日常生活发式的制约，只要符合主题的需要，与面部和身体的化妆相协调，表达出意境就行。如果模特自身的头发达不到梳理条件或是造型的需要，还可使用部分假发或饰物来配合。当然，为了要做到富有创意的发型和达到整体一气呵成的水平，还需要具备美发技术和掌握好各种国际发型的吹、剪、盘、包、编、结等技巧。只要平时多练习，不断积累经验，注意对中国历代发式和流行时尚发型的学习和借鉴，兼容并蓄和取长补短，就能创作出富于时代气息和洋溢着艺术感染力的彩绘发型（图6-67）。

图6-67

（三）艺术彩妆的典型妆容

完美的艺术彩妆是集设计与精湛的技艺于一体的，是感性与理性的结合体。缺少灵感，技艺无用武之地；而缺少技艺，灵感则虚无一处。艺术彩妆分类众多，其中最典型的有前卫妆与梦幻妆。

1.前卫妆

前卫妆是目前在欧美较流行的一种新潮化妆方法。其化妆技巧是，化妆师将顾客人体当作画布，直接在皮肤上绘画，以色彩表现代替服饰。具体操作过程为：先将黑色薄薄地涂抹在人体上作为底色，再用不同的色彩描绘出各种花纹和图案，最后在图案上粘贴纽扣、亮片、珠子等。

2.梦幻妆

图6-68

梦幻妆是在美容化妆的基础上进行描绘的，富有时代感和青春气息的化妆方法。既有美容化妆的意识，又区别于单纯的美容化妆，主要强调个性美的展示。所谓“梦幻妆”，就是运用色彩、线条等技巧，将有一定寓意的图案描画在脸、颈、臂上，并展现于某种特殊场合的化妆艺术。梦幻妆与一般妆容不同，它是由古代人体装饰绘身（又称画身、文身）演变发展而来。古人喜欢用泥土、树胶、油料、炭灰之类的天然颜料装饰自身，以祈求某种超自然的力量，达到如梦如幻之美感。不论表现动物或植物主题，都表现出优美的情调，突出鲜明的个性。梦幻妆往往超出脸部的范围，把花纹描绘至肩、臂上，与发饰、服饰相配合，给人一个整体的形象。化梦幻妆时，事先要进行精心设计，要求绘画的线条随着肌肉骨骼的线条而伸展，最后以各种装饰品，如银粉、金粉、亮珠等点缀妆面。梦幻妆要比普通化妆需要更多的技巧和创造力（图6-68）。

梦幻妆是文彩的升华。文彩是通过一种特殊的材料在皮肤表面上着手描绘，对皮肤不会造成任何伤害，并能绽放自我的性情和审美。着色后，在皮肤表面上持续1~3周便自然褪色。为什么说梦幻妆是文彩的升华？是因为它除了面部化妆外，身体的每个部位都给予了文彩的加工。梦幻妆一般分为两种：一种是模特只穿“三点式”内衣裤，大部分皮肤裸露出来，以便于文彩制作；另一种是模特完全赤裸，整个身体用文彩遮掩与装饰，可以在脸上任意地化上自己喜欢的图案（图6-69）。

六、舞台服与舞台妆

舞台服是舞台演出专用服装的通称，是舞台艺术不可或缺的组成部分，是塑造形象所借助的一种手段。它利用其装饰、象征意义，直接形象地表明角色的性别、年龄、身份、地位、境遇以及气质、性格等。所以，舞台服堪称“艺术语言”（图6-70）。

（一）舞台服的分类

舞台服按舞台艺术专门类别，主要分为戏剧服、曲艺服、舞蹈服等。

1. 戏剧服

中国舞台戏剧的人物服饰是写意的——长袖善舞。我国戏剧服装基本上以明清服装为主要样式，同时参照表现故事的朝代给予一定的变化。其写意性，表现在对季节、时代、地域等服装特点的忽略，只考虑戏剧服装是否符合人物的身份、地位、年龄等与人物塑造相关的方面。另外，戏剧服装所着重考虑的是它是否适合在舞台上出现、是否具有可舞性、是否在人物塑造上起到应有的作用。戏剧的水袖、大靠的靠旗、箭衣的大带、纱帽的帽翅、脚上的厚底鞋靴等无不具有可舞性，无不参与人物形象的塑造。中国戏剧人物的化妆也是写意的，用一句话概括，即“为公忠者雕以正貌，奸邪者刻以丑形”，其目的在于“盖亦寓褒贬于其间耳”（清末王国维语），而最集中的表现是戏剧的脸谱。脸谱的象征意义总体来说是“红忠白奸”，所以奸臣如曹操者多勾白脸，忠勇似关羽者多涂红色。此外，性情暴躁者多勾蓝脸，刚正无私者多用黑脸，喜兴者勾笑脸，愁苦者勾哭脸等。角色鲜活，人人生动，观众睹脸便知其人，这既是戏剧简便的一面，也是它形象的一面。

图6-69

2. 曲艺服

中国曲艺服丰富多彩。由于说唱艺术植根于民间，演出环境曾经是“场子”或“小戏台”，演员同观众之间的艺术交流直接而密切，故一般采用传统民族服装，且常常在装饰上带有地方色彩。近年来，有些曲目在反映新题材、表现新生活时也穿用时装。曲艺演员在演出中的化妆只是起到美化演员面容的作用。彩扮曲种需扮装表演，这种扮装又大多是在模拟人物与演员叙事之间的“出出进进”（演员忽而是叙事者，忽而是人物），属于简单的造型。曲艺化妆不必画脸谱、不必掩盖表演者的体貌。因为曲艺的表演越是归复于生活的原貌就越成功。虽然，在这“归复”的过程中，需要艺术家的形式创造，但它们终归以达到“天籁”、不露斧凿的痕迹为最佳，是一种“大巧之朴”和“浓

图6-70

后之淡”。“生活味儿”决定着自然的舞台风度、简洁的语言风格、简约的形体动作、简洁的叙述方式，以及像生活本身那样的一切艺术表现。

3. 舞蹈服

舞蹈服具有舒展自如、抒情大方、装饰突出的特点。根据舞蹈的形式和流派，舞蹈服主要有三类：

（1）民间舞服：即民间舞蹈的服装。一般是经过选择提炼和艺术加工的典型民族服装。

（2）古典舞服：即各国各民族古典舞蹈的服装。一般是经过高度凝练，形成程式规范，并且具有独特民族风情的服装。

（3）现代舞服：即现代派舞蹈服装。现代舞是不固定的舞蹈形式，其着装也不拘一格。例如，邓肯（Isadora Duncan）的舞蹈，表演时是脱去芭蕾舞衣，赤足光腿，崇尚自然味道，化妆的时候就要紧紧围绕自然这个主题；而丹尼斯（Ruth St.Denis）穿着的则是博采东方民族特色的服饰，她的舞服具有浓厚的东方色彩，自然她的舞台妆也充满了神秘的东方韵味（图6-71）。

图6-71

（二）舞台妆对灯光的要求

灯光对化妆色彩有一定的影响。在舞台妆的展示场景中，灯光的强弱及色彩的运用，对舞台上的化妆造型起着非常重要的作用。众所周知，颜料的三原色是品红、青、黄；而光的三原色是红、绿、蓝。色彩原色的色素和灯光原色的色素之间是有区别的。多种色光重叠所产生的光色和同样多的色彩相调和所产生的颜色是不一样的。因此，展示在舞台上的效果如何，也要靠灯光与化妆的色彩相互配合。如果化妆方面展示的是红色系列色彩，打上红光后，会使化妆的红色被“白化”，而黄色在紫光下会产生粉红的效果……有时为加强舞台上黄色调光的效果，在化妆上可偏红些，以达到自然真实的效果。要注意，同一种化妆色彩，在不同灯光的照射下会产生不同的气氛和效果。因此，要特别注意灯光与色彩的关系，只有灯光与化妆色彩的密切配合，懂得用灯光色调对化妆主体色调的控制，才能使舞台妆充满魅力，美不胜收。而化妆中的黑色、灰色和棕色，在各色灯光下，除了在色调上有细微的变化外，基本上保持不变（图6-72）。

图6-72

（三）舞台服对化妆的要求

随着现代舞蹈的发展，舞蹈服装变得灵活而易变，化妆也顺应这种趋势，不断地突破、创新。近年来流行的舞台妆，典型的是“闪光彩妆”。其流行原因众多，一方面是因为东方人适合带有闪光质地的彩妆产品。灵活运用带有光泽的彩妆，能使东方人原有的“平面”脸孔立体起来。另一方面是“闪光彩妆”在灯光下更能表现出效果，并衬托演员的表情。那么，如何营造灯光下的闪烁感？这可以采用银色亮片及各色亮粉或其他能反光的化妆材料，在彩绘妆容的重点处适当地点上一些，加强亮点的显现，令整体造型有熠熠生光的效果。使用的方法必须视粉底的性质而采用不同的方法喷涂。如果是水溶性粉底，可先用胶质的液体在需要处涂一遍，再撒上适量的闪光物；如果是油质粉底，则要用干笔蘸乳质水和少量闪光物粘在需要的部位上，或通过纸管用嘴吹在各部位上。如此一来，彩绘妆容在灯光下的闪烁感就不难营造了（图6-73）。

图6-73

图6-74

一般而言，舞台上的闪光彩妆主要选用三种提亮的化妆产品：一是珠光，光泽最为柔和，产品里含有细微且圆润的闪光粒子，光泽细微，一般在明显光源下才能看见，可以表现最为细腻的柔光感觉，是正式场合也能使用的闪光彩妆；二是金属光，光泽比较强烈，内含较大颗粒且金属感很强的闪光粒子，一般适合一些较炫的场合，个性鲜明；三是霓彩光，含有两种以上色彩反差强烈的闪光粒子，从不同角度看，光泽颜色亦不同，是光线下最微妙的闪光彩妆，可以在含蓄中呈现变化（图6-74）。

不同部位闪光彩妆使用的技巧也不相同：

颧骨：带光泽的腮红，斜向地在颧骨上打圈，平坦的面容会立刻显得立体，泛黄或晦暗的肤色也呈现出健康的透明感。

鼻：光影打在T区、鼻梁、鼻翼两边，令轮廓精致。

眼：用金色或银白色的光泽眼影轻抹在眉骨上，并挑高眉毛，令眼窝看起来更有层次感。这种化妆方法尤其适合丹凤眼的女性。如果在眼肚下至眼角范围再扫上一些纯白色的立体光粉，就算化了烟熏眼妆，双眸也像笼着一层薄雾般清丽。特别在双眼皮的皱褶处，抹上一层光影后，眼睛在开合之间，眼波也更具婉约神采。

唇：东方女性的双唇一般较薄，在下唇的中央抹上一点儿银白色光影，双唇即充满立体感。

锁骨：穿晚礼服时，一般锁骨外露。为突出骨感，可用淡香槟色光影点缀，最是美丽动人。

乳沟：用比肌肤深一号的光影在乳沟处涂抹“极窄V形”，即投射出丰满胸部的阴影。

闪光的光泽彩妆，是为了让化过妆的脸庞更具有精致的立体感，通常应以彩妆为主、光泽为辅。光泽的分量，绝不能掩盖彩妆的色泽，否则即便闪烁似一枚100瓦的灯泡，都是徒劳无益的。另外，使用在全脸的粉类光影颗粒越细越好，太粗会留有“斑点”的错觉。这些都是在化这种光泽彩妆时需要特别注意的。

七、影视服与影视妆

随着影视节目的增多及类型的多元化，歌星、影星、主持人急需全方位的包装。国内化妆师开始引进国外新的化妆造型理念，从模仿到个性化妆，从老一辈化妆师深厚的油彩功底的应用到千变万化的粉妆彩饰，在短短的十年里，涌现出一批批新人。他们个性十足、勇于创新，在各种时尚报刊上推出新妆容，举办各种演示会，形成自我风格并引领着潮流。中国的化妆造型行业进入了一个飞速发展的阶段，而中国的影视人物化妆造型也在顺应潮流，走着一条快速发展的道路（图6–75）。

图6–75

（一）影视服对影视妆的要求

影视文化作为一种意识形态，从来都代表着一定阶级的经济利益和政治主张，从来都是具有民族性、倾向性的。尽管每一部影片所展示的服饰文化形态、内涵各不相同，但是其中包含的文化阐释大体是相同的。在电影场景中，观众很容易从导演精心安排的角色服饰、化妆中得到某种信息的暗示。服饰作为一种角色形象包装的最基本元素，在这里起着至关重要的作用。当荧屏上的人物角色远离戏剧性和人为性的时候，依靠服饰这一充满符号象征性的外来道具，就具有了某种补充、附加的意义。服饰把演员放进了某个历史的场景中而不显突兀，化妆加强了这种融入的程度。

（二）各时期影视妆与影视服的特点

早在20世纪30年代，中国早期电影中的影星、歌星的化妆都留有该年代的印记，中国女性穿着无与伦比的旗袍、细高跟鞋、玻璃丝袜，佩戴钻石胸针，涂抹猩红的指甲油、红色唇彩，描画细长眼眉，一时成为大众追逐的潮流形象，此类经典女性如电影女演员胡蝶。

20世纪50年代，受苏联服饰思潮的影响，男士“伊凡诺夫”式的鸭舌帽、立领“哥萨克”式小偏襟衬衫，女士“娜塔莎”式大花“布拉吉”、灰布卡其列宁装成为“时髦”的代名词。与此同时，影视上的化妆与服装也明显受到此思潮的影响，好人与坏人一目了然。留小胡子、汉奸头、叼大烟的肯定是十恶不赦的坏人形象，而浓眉大眼、国字脸则被定性为有阳刚之气的好人形象。

20世纪60年代，服装和化妆走向了另一个极端，程式化的趋势非常明显。军装绿、海军蓝成了男女服饰的代表色，尤其是军装绿，简直成为当时的国服色。全民着军便服成了那个时期的时尚。

20世纪80年代，这个时代对于追求时尚的人来说，是摸着石头过河的探索阶段，是边走边看的过程，也是逐渐走向成熟的过程。经历过被扭曲和压抑的岁月，人们的思想迎来了一个新的舒展期。流行色彩开始在普通人身上展现，而在影视明星身上变化得更为快速，似乎是想在一夜之间把从前所失去的东西都弥补回来。

20世纪90年代，世界变得无比绚丽，这时人们所追求的时尚，其概念和意义已经有了另一种诠释，不再是时髦和流行这么简单的符号（图6-76）。它是作为一种艺术而存在的，即所谓的化妆艺术和造型艺术。除了寻求外表的青春靓丽外，时尚更从内在气质上赋予女性个人魅力。既强调整体妆面的协调，又强调局部突出，使每个人看上去更个性化、更具有个人魅力。在影视人物化妆方面，当时的化妆大师毛戈平完成了刘晓庆在电视剧《武则天》中跨越18岁到80岁各年龄段的立体化妆造型，让中国女性第一次真切领略到化妆的魔力。

21世纪，随着中国新生代导演的日益成熟，服装和化妆在银幕上更是被强调得无与伦比。他们善于利用化妆的色彩和服装、窗帘、椅子、床等道具的相互配合传递一种暗示和理念。如杨凡导演的电影《桃色》就非常典型地突出了这一特点。他用猩红色的胭脂浸染女人凝脂般的脸颊，用冰银或冰蓝色眼影表现女人迷离的双目，用大枚的花样耳饰、细细的高跟鞋、紧身薄纱传递出女人生活的慵懒和懈怠。从这个意义上说，导演已经超越了化妆和服装原来单纯的美化作用，而是把它上升到一种表现的意义，一种和人物的命运休戚相关的衍生物。化妆实实在在地成为一门造型艺术（图6-77）。

图6-76

图6-77

（三）不同影视对影视服、影视妆的“角色”要求

影视有古装片与现代片之分，故在化妆时要分别对待。现代片由于较接近现实生活，所以化妆时不宜过度，要贴近生活，做到自然、不造作，这样观众才能更好地融入剧情。古装片的化妆由于剧目的严肃程度不同，化妆造型师的自由度相对也不同，而且可以根据剧情的需要起伏，相应地采用夸张的手法。尤其是对一些武侠小说改编而成的电影、电视剧，化妆造型师的创作空间也更大。他们可以在充分重视演员所饰演的角色的基础上自由发挥，追求一种极致的完美。而一些严肃的历史剧，因为要尊重历史，只能严格按照一定历史时期人们的装扮来加以修饰，即不仅要重视人物个性，还要重视那个特定的历史时期。

现代社会中，人们的审美观念日新月异，每个人都更加追求个性甚至另类。但不管怎样，爱美之心是永远不会更改的。作为一名化妆造型师，除了要加强熟练程度和技能技巧外，更重要的是要在作品设计、构思创意上努力培养、训练，使自己具备敏锐的观察力、清晰的判断力、独特的想象力和丰富的表现力（图6-78）。

图6-78

第五节 时尚化妆与时代

一、时代需要时尚化妆（图6-79）

爱美之心，人皆有之，自有人类文明以来，就有了对美化自身的追求。在原始社会，一些部落在祭祀活动时，会把动物油脂涂抹在皮肤上，使自己的肤色看起来健康而有光泽，这也算是最早的护肤行为。由此可见，化妆品的历史几乎可以推算到自人类的存在开始。公元前5世纪到公元7世纪，各个国家都有不少关于制作和使用化妆品的传说和记载，如古埃及人用黏土卷曲头发，古埃及皇后用铜绿描画眼圈、用驴乳浴身（图6-80），古希腊美人用鱼胶掩盖皱纹等，还出现了许多化妆用具。我国古人也喜好用胭脂抹腮，用头油滋润头发，以衬托容颜的美丽和魅力。

图6-79

（一）中国古代美女化妆法则

1. 花钿

花钿又称花子、面花、贴花，是贴在眉间和脸上的一种小装饰（图6-81）。据宋高承《事物纪原》引《杂五行书》记载：南朝“宋武帝女寿阳公主，人日卧于含章殿檐下，梅花落额上，成五出花，拂之不去。皇后留之，看得几时。经三日，洗之乃落，宫女奇其异，竞效之”。这就是花钿的起源。也有人把贴花钿的做法，按物或人称为“梅花妆”或“寿阳妆”。至宋朝时，梅花妆仍在流行，汪藻在《醉花魄》中吟：“小舟帘隙，佳人半露梅妆额，绿云低映花如刻。”就是一个非常生动的印证。

从历史上看，贴花钿成风是在唐朝（图6-82）。花

图6-80

图6-81

图6-82

钿是用什么制成的？古时候制作花钿的材料十分丰富，有用金箔剪裁而成的，还有用纸、鱼鳞、茶油花饼制成的，最有意思的是，甚至蜻蜓翅膀也能用来制作花钿。如宋人陶谷所著《清异录》上说："后唐宫人或网获蜻蜓，爱其翠薄，遂以描金笔涂翅，作小折枝花子。"可见，古时妇女的化妆方式不但丰富，而且别出心裁、不拘一格。花钿的颜色有红、绿、黄等，《木兰诗》中就有"对镜帖花黄"一说。花钿的形状除梅花状外，还有各式小鸟、小鱼、小鸭等形状，十分美妙、新颖。

2. 口红

古人称口红为口脂、唇脂（图6-83）。朱赤色的口脂，涂在嘴唇上，可以增加口唇的鲜艳度，给人健康、年轻、充满活力的印象，所以自古以来就受到女性的喜爱。这种喜爱的程度可以从《唐书·百官志》中看到，书中记："腊日献口脂、面脂、头膏及衣香囊，赐北门学士，口脂盛以碧缕牙筒。"这里写到用雕花象牙筒来盛口脂，可见，口脂在诸多化妆品中有着多么珍贵的地位。口脂化妆的方式有很多，中国人习惯以嘴小为美，即"樱桃小口一点点"，如唐朝诗人岑参在《醉戏窦子美人》中所说的"朱唇一点桃花殷"。唐朝元和年以后，由于受吐蕃服饰、化妆的影响，出现了"啼妆""泪妆"，顾名思义就是把妆化得似哭泣状，当时又称"时世妆"。诗人白居易曾在《时世妆》一诗中详细形容道："时世妆，时世妆，出自城中传四方，时世流行无远近，腮不施朱面无粉，乌膏注唇唇似泥，双眉画作八字低，妍媸黑白失本态，妆成尽似含悲啼。"这种妆不仅无甚美感，而且给人一种颇为怪异的感觉，所以很快就不流行了。唐宋时还流行用檀色点唇，檀色就是浅绛色。北宋词人秦观在《南歌子·香墨弯弯画》中歌道："揉蓝衫子杏黄裙，独倚玉栏，无语点檀唇。"这

图6-83

种口脂的颜色直到现代还在流行着。当然，无论是朱赤色还是檀色，都应根据个人的不同特点、不同条件适当加以选用，千万不能以奇异怪状的时髦为美。

3.傅粉

傅粉即在脸上搽粉。中国古代女性很早就懂得搽粉了，这一直是最普遍的化妆方式。据《唐书》记载，唐明皇每年赏给杨贵妃姐妹的脂粉费，高达百万两。对于傅粉的方法，清初戏剧家李渔的见解颇为独到，他认为当时妇女搽粉"大有趋炎附势之态，美者用之，愈增其美""白者可使再白""黑上加之以白，是欲故显其黑"，鲜明地道出了化妆与审美的关系。更值得深思的是，古人还把傅粉等化妆方式同道德修养相联系，指出美容应与自我的修身养性相结合，如东汉蔡邕认为："揽照拭面则思其心之洁也，傅粉则思其心之和也，加粉则思其心之鲜也，泽发则思其心之顺也，用栉则思其心之理也，立髻则思其心之正也，摄鬓则思其心之整也。"这种观点，不仅颇有见地，而且寓意深刻。

4.额黄

额黄，又叫鸦黄，是在额间涂上黄色。这种化妆方式现在已不使用，它起源于南北朝，盛行于唐朝。据《中国历代妇女妆饰》记载：这种妆饰的产生，与佛教的流行有一定关系。南北朝时，佛教在中国进入盛期，一些女子从涂金的佛像上受到启发，将额头涂成黄色，渐成风习。南朝简文帝《美女篇》云："约黄能效月，裁金巧作星。"这里说的"约黄效月"，就是指额黄的化妆方式。唐朝额黄盛行时，温庭筠在诗中吟出"额黄无限夕阳山"之句，李商隐也写道："寿阳公主嫁时妆，八字宫眉捧额黄。"唐朝牛僧孺在《幽怪录》中还专门记述了神女智琼把额头化妆成黄色的故事。至宋代时，额黄还在流行，诗人彭汝励歌曰："有女夭夭称细娘，真珠络髻面涂黄。"这些都反映出古代女性喜欢额黄的情景。

5.画眉

画眉是中国最流行、最常见的一种化妆方法，产生于战国时期（图6-84）。屈原在《楚辞·大招》中记："粉白黛黑，施芳泽只。""黛黑"指的就是用黑色画眉。汉代时，画眉更为普遍，而且越画越好看。《西京杂记》中写道："司马相如妻文君，眉色如望远山，时人效画远山眉。"这是说把眉毛画成长长、弯弯、青青的，像远山一样秀丽。后来又发展成用翠绿色画眉，且在宫廷中很流行。宋朝晏几道《六么令》中形容："晚来翠眉宫样，巧把远山学。"《妆台记》中说："魏武帝令宫人扫青黛眉，连头眉，一画连心细长，谓之仙娥妆。"这种翠眉的流行反而使用黑色描眉成了新鲜事。《中华古今注》中说杨贵妃"作白妆黑眉"，当时的人将此认作新的化妆方式，称其为"新妆"。难怪徐凝在诗中描写道："一日新妆抛旧样，六宫争画黑烟眉。"

图6-84

到了盛唐时期，流行把眉毛画得阔而短，形如桂叶或蛾翅。元稹诗云“莫画长眉画短眉”，李贺诗中也说“新桂如蛾眉”。为了使阔眉不显呆板，妇女们又在画眉时将眉毛边缘处的颜色向外均匀地晕散，称其为“晕眉”。还有一种是把眉毛画得很细，称为“细眉”，故白居易在《上阳白发人》中有“青黛点眉眉细长”之句，在《长恨歌》中还形容道："芙蓉如面柳如眉”。到了唐玄宗时，画眉的形式更是多姿多彩。据《丹铅续录》载："唐明皇令画工画十眉图。一曰鸳鸯眉（又名八字眉），二曰小山眉（又名远山眉），三曰五岳眉，四曰三峰眉，五曰垂珠眉，六曰月棱眉（又名却月眉），七曰分梢眉，八曰涵烟眉，九曰拂云眉（又曰横烟眉），十曰倒晕眉”。这十种眉是名见经传的，那么没有记载的、普通女性自我创造的就更多了，可见古人爱美之心的浓厚。

（二）日本古代美女化妆法则

1.黑齿

日本人染牙的风俗习惯是由朝鲜传入的。日本的《枕草子》《紫式部日记》《荣华物语》中都提到："着装（指女子成人式）、庆祝日众妇人皆染黑齿、红赤化妆……大年三十皆染黑齿……"《堤中纳言物语》中提到虫姬长得漂亮可爱，只因未染齿，无人招为妻。可见，染黑齿是12世纪初期京都上流女性化妆的重要组成部分。这种化妆法逐渐由女性扩展到男性。无论公卿还是武士，一时间均养成染黑齿的习惯。“平家的公达敦盛上阵前薄化妆，染黑齿”早已传为佳话。女子着装（指女子成人式）、男子元服（指男子成人式）都要染齿。

染黑齿用的铁浆成为牙齿的装饰品。染齿被当作成人的标志。日本室町时代武士家的后代到9岁就要举行“染齿仪式”。至此后，孩子进入适婚年龄，村人不能干涉他（她）们之间的交往。后随着时间的推移，开始作为成人标准的染齿，后来逐渐演变为订婚之日染齿，再后来又改为结婚前一天晚上染齿，而后又改为生孩子时染齿，最后成为区别已婚者与未婚者的标志。曾有一段时间不允许私生子染齿，所以社会上流传这样一句话："真可怜，他（她）是一个不能染齿的孩子。”制作铁浆的工序非常简单，将铁屑浸入酒、茶、醋、饴中使其出黑水，然后用羽毛、毛笔或者毛刷涂抹在牙齿上。为了防止掉色，可以加五味子粉。这种粉也可为其他染料加固。

2.熏香

日本平安时代，贵族之间流行熏香之风（图6-85）。人进入焚香室内，使香气充分浸入衣服和身上。玩弄外国香充分体现了有闲阶级的风雅情趣。日本和式礼服拆洗起来十分费事，所以一般人不轻易拆洗和式礼服。因此，用香消除衣服上的异味，就显得十分必要。日本正仓院内仍收藏着一些平安时代贵族所用的香木、香袋。这些香袋都制作得非常别致，上面有花纹等装饰。

图6-85

3.垂发

垂发如同药师寺收藏的日本神功皇后像上的发型，日本平安初期流行垂发发型（图6-86）。头顶部打一个发结，将其余的头发披散着。后来的镰仓、室町时代的大部分女性也习惯这种发型。对于官僚和高级武士家来说，长长的黑发是衡量美女的第一个先决条件。由于充满自然美的长发容易乱，故将耳朵前面的头发削去，留下60厘米左右作为鬓发。上流社会的妇女坐卧时，便将长发放入特制的匣子里，以防散乱。平安时代上流社会的女子要穿十几层衣服，拖着长长的辫子，她们过着不能与其他异性见面的生活，只有不断增长的头发能给她们带来一些安慰。所以，这一时期的文学作品有不少是描写妇女的长发的。

图6-86

（三）路易十四时代的化妆术

18世纪初叶，路易十四统治下的法国时代，被历史上称作“洛可可时代”。据说，路易十四为了美容而宁可剃掉美丽的栗金色卷发，戴上“椭圆形的假发套”，脸上涂抹红色和白色香粉。宫廷其他王公贵族也都喜欢涂脂抹粉，戴上长及双肩的假发套。至于国王的宠妻爱妾和贵妇人则更在化妆方面下足功夫，她们把香水如浇水般撒在身上，以吸引男子。

沐浴美容法也是当时王公贵族男女追求的目标，最时髦的做法是用百合、水莲和蚕豆花的蒸馏水、葡萄汁或柠檬汁等化妆水涂擦并按摩皮肤，目的是使皮肤增白。因为在那个时代，唯有血统高贵之人才拥有白色肌肤。据记载，当时国王的宠妾蒙特斯潘夫人等人的每天美容日程表中，规定要有二三小时的床上化妆时间，她们用香水、香粉和香油猛擦身体皮肤，使身上能持久保持优雅的香味，然后再在身上抹上一层厚厚的白色香粉。

不过，当时的口红和香粉是用铅丹、锡、硫黄和水银等化学药品制作的，长期浓妆艳抹，使用这种口红和香粉，会使皮肤变硬、皱纹增多。这些追求美的贵妇们，也只能是美了一时，反而衰老得更快。

二、时尚化妆对时代的影响

时代在变，化妆也带着时尚的风向标在变。从服装到配饰、从发型到妆容，回归典雅精致并具有完美视觉印象的时尚精神是时代的追求。不管处于什么样的时代，化妆的影响都深深地镌刻在时代的年轮上。在那些曾经飞扬的日子里，“美”已不是一个简单的代名词了，已深深地嵌入时代的骨髓里。

（一）20世纪20～30年代

真正意味上的化妆时尚，是自这个时期开始的。代表人物有好莱坞女星葛丽泰·嘉宝（Greta Garbo）、费雯·丽（Vivien Leigh），时尚女王可可·香奈儿（Coco Chanel）等。她们喜欢把优雅个性与浓眉大眼、娇艳红唇搭配在一起，成为时代的烙印，也成为时尚艺术界取之不尽的灵感金矿。尤其是对爵士风格的推崇，使女性不仅在外表上得以独立，在精神上也从依附中独立出来，变得敢于展示自己、敢于追求美丽（图6-87）。

图6-87

1. 对口红和粉饼的推崇

此时期女人们最时尚的化妆行为是：拥有一款新型的螺旋形口红。当时的著名化妆品牌如蒙黛推出了擦脸香粉和“中国红”口红系列，而另一化妆品巨头蜜丝佛陀（Max Factor）则推出了名为“和谐颜色”的系列化妆品，用适合银幕与日常生活的化妆品征服了那个年代的所有好莱坞女星，在全世界都有着不错的销售业绩。

2. 出现新的化妆理念

自这个时期开始，很多现代化妆品和理念都开始登上历史舞台：如三合一的彩妆包、妆前组合等。美宝莲（Maybelline）研制出新型睫毛膏，露华浓（Revlon）推出与指甲油颜色相匹配的唇膏，伊丽莎白·雅顿（Elizabeth Arden）则推出六支装不同颜色的系列口红，提出口红、眼影要和服装颜色相和谐的概念（图6-88）。

图6-88

3. 所有颜色都被尝试

20世纪30年代，对一切颜色的尝试表现得极为大胆。尤其是女星使用的化妆品颜色非常夸张，充满了试验性。如黑色指甲油、橙色唇膏和绿色眼影等使用，简直是张扬到极致。此时期还有所谓“接吻压力机”的测试仪器，用来测试唇膏在多大的“接吻压力”下能保持不褪色。

（二）20世纪40~50年代

20世纪40年代经历着战争的洗礼，故女性对美丽的追求不得不一度降低标准，但是因为美丽的容貌能够给士气和民心带来正面影响，因此化妆品行业得以在战争年代幸存下来。战后，化妆品在50年代成为女人的必需品，随着经济的复苏，化妆品市场得到了全面飞跃。此时期大多数女人只是略施粉黛，但素面朝天仍是不可思议的，因为拥有优雅甜美的女人味是最完美的事情。精心修饰的眉毛、轮廓清晰的双唇、优雅完美的眼妆，是银幕上的女星如英格丽·褒曼（Ingrid Bergman）、奥黛丽·赫本（Audrey Hepburn）（图6-89）、玛丽莲·梦露（Marilyn Monroe）等不懈的追求，这使得她们的魅力一直到今天依然能倾倒众生。

图6-89

1. 眼妆时代的来临

假睫毛、眼线液、眼线膏、眼影笔、眼影霜、眼部卸妆产品……几乎是一夜之间，所有与眼妆有关的产品都第一次出现在人们的眼前，而且沿用至今。以浓重眼线为主要特征的“埃及艳后”风格是这个时期出现的新潮流，也许不是每个人都会尝试，但至少女人们都把更多的化妆重点放在了眼部，眼影和睫毛膏的销量不断攀升。

2.化妆更青春自然

从20世纪40年代后期开始，化妆趋于年轻化，一种被称为“青春自然妆”的趋势开始流行，妆容重点是：加重眼部化妆，口红的色系开始变浅，眉毛也变得更加细长。很多品牌如露华浓、蜜丝佛陀等都推出了品质更好的粉底，让女人们的肤质变得更加自然、清润（图6-90）。

图6-90

3.香水成为女性的另一伴侣

迪奥（Dior）于此时成立香水公司，推出了迪奥小姐香水。直至今日，这瓶香水都是很受欢迎的经典香水之一。雅诗兰黛（Estee Lauder）则推出一款“青春朝露”香水，并把“香水不是奢侈品，应是日用品”的理念带入千家万户。伴着诸如“白色香肩”“亲密爱人”等这样美妙的香水名字的出现，预示着化妆品带着优雅的女性气质变得越来越浪漫动人。

图6-91

（三）20世纪60年代

20世纪60年代对于整个世界的时尚行业都有着不可忽略的影响，因为摇滚、嬉皮士、波普艺术都在这个时代出现，传统的价值观在此时面临着冲击和挑战。年轻人以独立的姿态创造着自己的音乐和服装风格，当然，他们对美丽的标准也自此有了转变。骨感模特崔姬（Twiggy）（图6-91）和巨星伊迪·塞奇威克（Edie Swedgwick）是20世纪60年代的象征，小鹿般的大眼睛和瘦弱如少女般的体型，一夜之间风靡开来。在此之前，最流行的是玛丽莲·梦露那样充满女人味的美貌，崔姬的形象是全新的，这些忽然变成了时尚的新标准。

1.“摇滚风”席卷妆容

苍白色的皮肤、苍粉色的性感双唇和黑而长的假睫毛，是20世纪60年代最时尚的搭配。为了打造出年轻且具有摇滚风格的烟熏眼妆，假睫毛变成了化妆界的新宠。当时，假睫毛已经可以在睫毛上保持一周，而且各种颜色一应俱全（图6-92）。

图6-92

2. 化妆品变得更有趣

精致的眼影组合、小小的粉盒、一次性的唇膏，都出现在20世纪60年代，有趣可爱的包装让人爱不释手。此时，有光泽的颜色开始受到人们的追捧，不管是眼影还是指甲油，颜色越来越丰富，而且闪烁着光泽。此外，由于迷你裙的出现，女人们开始露出双腿，倩碧（Clinique）在此时推出了用于腿部的多种护肤品：护肤油、护肤霜和护肤粉，这些都是为了让双腿更有光泽。

（四）20世纪70年代

在这个幻想与幻灭并存的年代里，一方面，迪斯科装和朋克风为人们带来了更多的经典装扮；另一方面，浓墨重彩、古铜风格的妆容则更为流行。其代表人物是简·方达（Jane Fonda）。这位创造了简·方达健身操的知名女星，其身上具有一种健康、清新的美丽，既没有20世纪50年代的冷艳，也没有60年代的反叛，而是更加平易近人、阳光灿烂。她代表了70年代的美女形象，蓬乱的卷发同样成为了当时的潮流（图6-93）。

图6-93

1. 古铜色开始盛行

20世纪70年代的化妆界开始强调轮廓感，运用高光和阴影来打造脸部的线条。“加利福尼亚”妆容是当时最为流行的一种妆容：闪烁着古铜色光泽的肌肤，颜色鲜艳明亮的嘴唇。到了20世纪70年代末，还很流行在眉骨以下勾勒一条彩色或白色的线条。美女们都希望自己能够拥有加利福尼亚海滩上晒出的古铜色肌肤，因此打造古铜肌肤的美黑霜开始风靡于世。

2. 虹彩风暴席卷

迪斯科的热潮引发了虹彩风暴，炫目、鲜艳、戏剧化的妆容受到热捧（图6-94）。伴随着“颜色让我美丽”这一广告词，成长起来的青年一代对20世纪70年代的彩妆趋势起着引领的作用。不仅颜色更加丰富，妆容的细节也更加讲究细致，鲜艳或有贴花的美甲片应运而生。

图6-94

（五）20世纪80年代

20世纪80年代出现了前所未有的繁荣景象。随着“雅皮士”的出现，青年人开始迷恋物质至上的生活，“物质女孩”们则为了寻找自我美丽的途径而不断推陈出新。护肤品和彩妆品在这个时期变得更加丰富多彩，抗衰老、芳香疗法、环保主义等统统进入了美容界。麦当娜（Madonna Ciccone）、波姬·小丝（Brooke Shields）是这个年代著名美女的代表人物，她们的形象都很有个性，而且自由奔放。此时的时尚趋势可以总结为自信就是美。

1.自然肤色因人定制

曾经在20世纪70年代大行其道的以阴影勾勒脸部轮廓的做法，到80年代就变得过时了。量身定制粉底变成了化妆品牌的新策略，可以根据个人的肤色、肤质来为顾客定制粉底。在这个时期，古铜色的肌肤还未完全消失，但更加崇尚清淡而自然的妆效，就算带一点儿雀斑也没有关系。

2.彩妆颜色更为自然

波姬·小丝的出现让天然不加修饰的浓眉变成了时尚，此时流行的唇膏颜色则换成了鲜艳的粉红色。总的来说，流行的所有彩妆颜色都变得更加自然，而且用过之后使女人气色更好，充满活力。不过美女们还是不能缺少眼线笔，因为深邃有神的眼眸仍然是多年来女性不变的美丽追求（图6-95）。

图6-95

（六）20世纪90年代

20世纪90年代的人们倡导“返璞归真、回归自然”，休闲化潮流逐渐成为主导。人们对追求流行变化的兴趣转淡，而更重视可延续的传承和个人风格的建立。化妆与发型进一步向多元化发展，并注重整体风格与个性的统一。为了延缓皮肤老化，各种生化科技产品被推向市场，美容已同现代医学、化学、解剖学乃至整个生物学紧密结合在一起，美容技术正在向高科技领域发展。

1.化妆色彩较为娇艳

20世纪90年代化妆的流行趋势是将50年代推崇好莱坞明星妖媚的魅力与80年代追求清新气息的混合（图6-96）。换言之，弯弯的柳叶眉、纤细的嘴唇、长而翘的眼睫毛，都是20世纪90年代化妆的重点。为进一步营造令人有“我见犹怜”的感觉，浓密且体积较大的卷发成为首选。眉毛化妆像20世纪40年代一样强调弧度。眼部化妆逐渐走向夸张，哑光色唇膏颇受女性青睐。整个20世纪90年代的化妆色彩以娇艳为主要标识。

图6-96

2.化妆潮流因人而异

在这一时期，个人主义“抬头”，强调每人都因自己的个性、特质而建立独特形象（图6-97）。化妆强调自然带光泽，面颊只涂粉底及碎粉，眼唇部加上闪粉，营造闪耀效果。发型潮流出现突破，光头也为人所接受，黛米·摩尔（Demi Moore）、希妮德·奥康娜（Sinéad O'connor）和西格妮·韦弗（Sigourney Weaver）乃代表人物。束马尾、满头辫子则为另类的“正常”选择。与此同时，随着样貌、身材都完美无瑕的超模如辛迪·克劳馥（Cindy Crawford）、娜奥米·坎贝尔（Naomi Campbell）等的出现，女性更加关注自己的体态，一些能够去除橙皮纹的纤体产品不断涌现。崭新的抗衰老成分如脂质体、骨胶原、果酸等相继打入护肤市场。循环再造、对动物测试等概念都提升到更高层面。

图6-97

20世纪90年代是信息爆炸的年代，每一个人为了美丽不惜使出浑身解数。化妆手法越来越高明，有越来越多的人相信：只要不惜代价，每个人都可以是美女。

（七）21世纪

1.植物彩妆受追捧

图6-98

植物彩妆是21世纪彩妆市场的热点产品，是彩妆最主要的消费趋势。让描画在自己脸上的色彩更贴近天然、有机，远离伤害，将为越来越多崇尚自然、关注“美丽与健康”的现代女性所接受，并成为都市最流行的化妆方式（图6-98）。目前欧美和日本市场上植物类彩妆已占整个彩妆市场的50%以上，中国在这方面起步较晚，从整个市场来看，植物类彩妆正受到越来越多消费者的青睐。含有海洋植物、中草药、热带雨林作物等添加成分的新一代天然配方化妆品逐渐流行。生物工程学和仿生化学技术开发的功能性物质作为化妆品原料，更是市场发展的趋势。例如，利用发酵法生产透明质酸，用酶转变法从红花中提取口红染料，用丝状菌槽式培养取得亚麻酸，用组织培养法提取天然紫色染料等技术，已被国内外化妆品企业所关注。与非植物彩妆相比，具有透气、滋润、不易脱色、不伤皮肤以及绿色无污染等优点，是彩妆行业的发展方向。

2.功能性化妆品受到极大关注

据专家介绍，1992年以来，羟基酸和维生素A类就是防老抗衰化妆品的新成分，对消除皱纹有奇迹般的作用。鉴于我国中老年人群的比例越来越大，而针对防老抗衰的可信赖产品少之又少的现状，有针对性地开发以中老年人心理和实际需要而研制的抗老防衰的好产品将具有广阔的市场。

3. 专业化妆品市场一触即发

目前全国各地的美容院有10万家以上，但许多美容院所使用的专业化妆品质量令人担忧。据调查统计，约有63%的城市女性表示，如果美容服务机构所使用的化妆品质量可靠、效果显著，她们愿意花钱进美容院。这一巨大的市场商机，是化妆品企业不会放过的，也很可能由此将专业美容化妆品消费推向新的高潮。

4. 儿童化妆品市场方兴未艾

儿童化妆品是一个不断增长的巨大市场。年轻的父母们将更多的钱用于照顾孩子的成长，因此适用、质优、新颖的儿童化妆用品有着广阔的市场。而现在的产品种类还远远不能满足市场需求，由此看来，这一市场很具投资潜力，越来越多的厂家也准备开发出更适合的产品。

5. 运动用化妆品市场前景广阔

随着人们对体育运动的关注与兴趣逐渐增强，市场正期待适应运动的特殊效能的运动用化妆品，产品应具备防汗、防臭、保湿、消炎、杀菌、携带方便等功能。这一消费市场在国内潜力巨大。

三、时代呼唤时尚化妆

放眼世界，每个时代都能根据国家的发展状况，而流行着各式各样的妆容文化。有人问，女性到底从何时开始使用化妆品呢？科学家们最近在伦敦的一处罗马神庙遗址找到一个神秘的锡制小罐，发现里面装的是一种高级白色面霜。其制作时间大约在2世纪，而美容效果却可与当今的名牌化妆品相媲美。科学家们分析，那时的人们可能还不完全懂得化学，但他们却知道如何制造化妆品。这个小罐是至今发现的保存最完整的古罗马时代的化妆品，可能是一位古罗马时代的时尚女性所有。据研究，古罗马时代的人们非常崇尚肤色白皙。这种面霜的成分包括40%的动物脂肪（很可能出自羊或牛），40%的淀粉和氧化锡。动物脂肪是面霜的基础，而氧化锡使其呈白色。化妆品里的氧化锡并不活跃，从而不会对皮肤造成伤害。

全世界都共同流行的时尚化妆有：

（一）眼圈化妆

自古以来，人们为了保护肌体或为了修饰仪表，十分关注化妆。在原始人时期，人类习惯于在身体皮肤上涂抹动物脂肪、油类、黏土和黄土，用以避寒防暑和防止昆虫叮咬。当时，人类生活于莽莽的原始森林中，为了预防风土疾病，每当人们举行祭典仪式时，必须对面部进行化妆。

在古埃及，人们为了防止炎热和皮肤干燥，常用香油和油质软膏涂抹皮肤。另外，古埃及人还喜欢眼圈化妆，即在上下眼皮上勾画绿色、黑色或蓝色颜料，据说这是为了预防沙眼、苍蝇（古时热带有一种苍蝇能飞进人眼内产卵）和飞虫的入侵，也是为了遮蔽灼热的阳光和消毒。因此，在配制这种涂料化妆品时，大多掺入具有杀菌作用的蓝绿色孔雀石粉末。后来人们对这类化妆品的色泽也开始讲究起来，特别爱用淡黑色的二氧化锰调制的涂料，甚至还有选用绿色树脂的（图6-99）。

图6-99

据人们对古代木乃伊的研究分析，发现古人的眼皮上部涂过黑色颜料，下眼皮涂过蓝绿色颜料，这种黑色颜料的主要成分是硫化铅，蓝绿色颜料的主要成分是孔雀石（内含大量硫酸铜）。在中东地区，很早以前就有妇女们把眼圈勾画成蓝黑色的习俗。至今，在某些国家人们仍可透过薄薄的面纱偶尔见到那些眼圈浓妆艳抹的妇女。在古希腊时代，人们先用烟黑涂描眼睫毛，然后涂上黄白色的天然橡胶浆。当时的妇女还爱从指甲花中萃取红色染料，涂抹嘴唇和两颊。

（二）眉唇化妆

据记载，纣王爱将凝固的花汁给宠妻爱妾染指甲和化妆面容，因这种化妆品最早源于燕国，所以后人把它叫作“燕脂”。

远在汉代，中国女子已广泛使用口红。从2000多年前的西汉长沙马王堆一号汉墓中出土的漆器梳妆箱中，除有发绺、梳子和香粉外，还发现有燕脂。

眉笔在古代又名“黛”，历史也颇为悠久。据文献记载，侍奉西汉宣帝的京兆尹张敞最爱为其妻用黛画眉。东汉初期，长安地区的女子盛行画“宽眉”，当时用的是青蓝色眉笔。到了唐代，则流行画蛾须（触角）眉。唐代还流行“红装”“朱脸”和“红脸”，就是女子在化妆前先在脸部抹上白粉，再涂上红色胭脂。据传，杨贵妃去后宫同双亲告别时，泪水纵横，临上车时，因天气寒冷，脸上的泪水竟冻结成红色的薄冰。此外，还有一段有趣的传说，贵妃因体态丰满，一到盛夏季节便热得喘不过气来，汗水盈盈，每次她用手绢擦脸时，手绢就会变成红色。唐代大诗人白居易也写过《时世妆》一诗，诗中描述了当时长安女子流行在唇上涂黑油（称为“乌膏唇”）、脸上抹白粉的化妆术：“时世妆，时世妆，出自城中传四方。时世流行无远近，腮不施朱面无粉。乌膏注唇唇似泥，双眉画作八字低。妍媸黑白失本态，妆成尽似含悲啼。”601年，高丽僧人把口红传到日本，所以当时的《吉祥天女像》中的仙女们的唇上都涂有口红，但日本女子普及口红化妆还是在18世纪初，那时的女子为了使口红抹得浓些，都爱在涂口红前先在唇上涂上墨。

（三）点痣与胡子化妆

17世纪末期，巴黎的妇女流行点黑痣的化妆术。黑痣的形状分为星状、月牙状和圆形，一般多点缀于额、鼻、两颊和唇边，也有点于腹部和两腿内侧隐蔽处的，痣的色泽有黑色和红色等。据1692年巴黎圣但尼街点痣店的宣传称：痣的含义因痣的所在部位不同而异，并大有区别。例如，点于额上的痣象征女王；点于鼻孔两侧的示意不知羞耻；点于眼眶上表示充满热情；嘴唇边点痣者，表示爱接吻，是个爱情不专一的女人；酒窝上点痣示意主人是位性格爽朗的女人。当然，这些含义都是人们设想出来的。

此外，当时的男子也“不甘落后”，时兴留口胡，这种习俗曾在社会上鼓噪一时。据说，由于法国国王路易十三爱留胡子，所以其后那些爱赶时髦的男子便如法炮制，蓄起这种具有国王风度的胡子来。令人吃惊的是，有些男子还别出心裁地爱在胡子上涂抹厚厚的香发膏，使胡子变得十分坚硬，犹如铁丝。此外，还有爱在口胡两端装饰彩色假带的时髦男子，甚至还有用专门制作的胡子套的，并引以为美，真是无奇不有，令人瞠目结舌。

（四）香水与香油热

像古印度时代那样，古代欧洲、亚洲的女性为了身体舒适和吸引人，常使用化妆术来消除汗臭和体臭。据已有研究，古代王公贵族的淑女们，常用一种添加芳香物质的油状物当作化妆品，当时已发明用简单的蒸馏法来提取香油，但还未发明挥发性的香水。这种油状香油中添加了麝香、龙涎香或没药等香料，也有用茉莉花、番红花等花瓣经过蒸馏提取香精的。在古希腊和古罗马时代，人们就已把香水滴入洗澡水中，并用浸透这种洗涤液的海绵擦洗身体。古代的中国人和日本人爱用熏香，有的女性还在下身放入龙涎香或麝香（图6-100~图6-102）。

到了16世纪，由于哥伦布等人发现了新大陆，其后许多新发现的香料便源源不断地带回欧洲，如可可、秘鲁香膏和华拉尼香料等。当时，人们迷信搽香水和香油（特别是含麝香和龙涎香的）能预防梅毒，因此社会上很快便掀起一股香水和香油热潮。当时，意大利佛罗伦萨有一个商人把舶来的香料运往巴黎出售，结果发了大财。尤其是路易国王统治法国的18世纪洛可可的时代，社会上香料的销售量极大，就连女性的洗脚水也要掺上香水。据说当时凡尔赛宫的贵妇人还使用过一种所谓的“消屁香水”，真是无奇不有（图6-103）。

图6-100

图6-101

图6-102

图6-103

总之，不管是眼圈化妆、眉唇化妆，还是点痣与胡子化妆，抑或是香水、香油热，都是每个时代所赋予的审美时尚。这其中既包含着思想、情感、习俗，也离不开观念、个性、学识等综合因素。每个时代都有每个时代的喜好，用不着厚此薄彼。时尚化妆的车轮就是在“三十年河东，三十年河西”的不断转换中继续前行的……

本章小结

一、掌握不同性格特点对化妆设计的影响。
二、化妆设计和性格之间的协调与融合。
三、如何根据TPO原则进行妆容设计?
四、年龄对化妆的限制体现在哪几个方面?
五、不同年龄段人群对化妆技巧的要求。
六、掌握化妆与服饰的相互关系。
七、不同的服饰所对应的不同妆容应如何体现各自的特点?
八、时尚化妆对时代的影响。

思考与练习

一、分别对开朗型和忧郁型性格的人进行不同的妆容设计。
二、外向型和内向型人群在妆容设计上应分别注意什么?
三、分别设计30岁和60岁两个年龄段人群的妆容。
四、遵循化妆对年龄的限制要求，进行不同的妆容设计。
五、根据外出郊游的场合设计一个妆容。
六、分别对不同的环境进行不同的妆容设计。
七、对不同类型的化妆与服饰作逐一设计，并说明要点。

参考文献

[1] 周汛，高春明．中国历代妇女妆饰［M］．上海：学林出版社，1988．

[2] 华梅．服饰与中国文化［M］．北京：人民出版社，2001．

[3] 俞顶贤．中国各民族婚俗［M］．长春：北方妇女儿童出版社，1988．

[4] 伊丽莎白·波斯特．西方礼仪集萃［M］．齐宗华，靳翠微，等译．北京：生活·读书·新知三联书店，1991．

[5] 西塞罗·唐纳，简·鲁克·克拉蒂奥．西方禁忌大观［M］．方永德，宋光丽，译．上海：上海人民出版社，1992．

[6] 高洪兴，徐锦钧，张强．妇女风俗考［M］．上海：上海文艺出版社，1991．

[7] 张博颖．服装文化巡礼［M］．北京：中国社会科学出版社，1992．

[8] 竹内淳子．西服的穿着和搭配方法［M］．光存，松子，广田，译．吉林：吉林文史出版社，1985．

[9] 乔伊·特丽．教您怎样化妆［M］．杨晓峰，译．郑州：河南科学技术出版社，2002．

[10] 周汛，高春明．中国衣冠服饰大辞典［M］．上海：上海辞书出版社，1996．

[11] 何晓道．红妆［M］．杭州：浙江摄影出版社，2004．

[12] 范珮玲，何晓道．十里红妆——宁绍地区嫁妆家具［M］．杭州：杭州出版社，2002．

[13] 木宫泰彦．日中文化交流史［M］．北京：商务印书馆，1980．

[14] 高魁祥，申建国．中华古今女杰谱［M］．北京：中国社会出版社，1991．

[15] 李采姣．靓点“煮”衣［M］．北京：中国时代经济出版社，2006．

[16] 华梅．服饰民俗学［M］．北京：中国纺织出版社，2004．

[17] 顾章义．世界民族风俗与传统文化［M］．北京：民族出版社，1989．

[18] 胡朴安．中华全国风俗志［M］．石家庄：河北人民出版社，1986．

[19] 李采姣．实用化妆造型［M］．北京：中国纺织出版社，2007．

[20] 赵锦元．世界风俗大观［M］．上海：上海文艺出版社，1989．

[21] 马兴国．千里同风录［M］．沈阳：辽宁人民出版社，1988．

[22] 华梅．人类服饰文化学［M］．天津：天津人民出版社，1995．

[23] 杨伯峻．论语译注［M］．北京：中华书局，1980．

[24] 彭定求，等．全唐诗（全四册）［M］．西安：三秦出版社，2008．

[25] 李采姣．衣冠古今：服装的另类叙事［M］．北京：中国时代经济出版社，2012．

附 录

一、化妆师的职业定义

根据《中华人民共和国国家职业分类大典》划分，化妆师属于国家职业分类中第二大类“专业技术人员”中第9中类“文学艺术、体育专业人员”中第4小类“舞台专业人员”中的第4个职业（工种）。根据国家对该职业的有关说明，化妆师的职业定义主要是指“从事舞台演出、影视等人物化妆造型设计并进行造型体现的专业人员”。属于艺术范畴的化妆师职业和属于“社区和居民服务类”职业（工种）的美容美发师职业虽然在内容上有交叉部分，但在性质上有很大区别。

二、化妆师行业发展

随着社会的发展，艺术生活化、生活艺术化的趋势日趋明显，人们在追求感性美的同时，也非常注重形式美、个性美与知性美的统一；另外，化妆的多样性应用也非常明显，化妆不再局限于艺术表演范畴，已经扩展到了商业摄影、体育表演、广告制作、影视生产、舞台表演、音乐制作、中外合拍片、模特时尚、服装服饰、期刊出版、化妆产品形象代言、公众人物形象顾问、明星私人化妆师等广泛领域。进入21世纪后，化妆师已经成为新兴的、时尚的通用职业（工种）。

目前我国开展的化妆师国家职业资格考证只有初、中、高三个等级。

三、国家化妆师职业资格考试

（一）申报条件

1.初级化妆师（具备下列条件之一者）

（1）经劳动或文化教育机构组织的本职业初级正规培训，达到标准学时数，并取得毕（结）业证书。

（2）本职业学徒期满人员。

2.中级化妆师（具备下列条件之一者）

（1）取得职业学校、艺术院校、普通中等专业学校相关专业中专以上毕（结）业证书。

（2）取得本职业初级职业资格证书后，连续从事本职业工作2年以上。

3.高级化妆师（具备下列条件之一者）

（1）取得本职业中级职业资格证书后，连续从事本职业工作5年以上。

（2）取得职业技术学院、艺术院校、普通高等院校相关专业大专以上毕业证书。

（3）连续从事本职业12年以上。

（二）考试方式

（1）理论考试——闭卷。

（2）实际操作——按要求做出化妆造型。

四、化妆师的道德规范

道德规范指人们的行为应当遵循的原则和标准，是指社会用以调整人与人之间以及个人与社会之间的关系的行为准则和规范的总和，往往用善与恶、正义与非正义、公正与偏见、诚实与虚伪等道德概念来评价人们的各种行为，它依靠社会舆论、各种形式的教育、传统习惯和人们内心信念的力量而起作用。

（一）化妆师的职业道德

专业化妆师在从事化妆工作过程中，所应遵循的与化妆师执业活动相适应的行为规范就是化妆师的职业道德。

（二）化妆师应具备的素质

（1）遵守国家的法律、法规和公司的规章制度。

（2）对职业要有信心，要尽最大努力认真工作。

（3）乐于学习，提高素质。

（4）温文有礼，对他人的帮助要表示谢意，要有同情心，尊重他人的感觉及权利，能良好地配合雇主及领导的工作。

（5）对顾客要友善、礼貌、热忱、诚恳、公平，不可厚此薄彼。

（6）学习巧妙高雅的谈吐，谈话时声量适中，当他人说话时要注意倾听。

（7）注重仪表，随时保持最好的个人卫生。

（三）化妆师的工作要求

（1）工作时要化淡妆，随时保持个人卫生。

（2）要保持口腔卫生清洁，工作前不吃韭菜、蒜等带有刺激气味的食品，不吸烟，不喝酒，工作中不嚼口香糖。

（3）海绵块、粉扑要做到一客一洗，进行消毒。

（4）化妆工具要定时消毒、清洁。

（5）化妆品和化妆箱保持整洁、干净。

（6）化妆时，化妆师应站在被化妆者的右面。

（7）要与顾客有所交流，对顾客要热情、诚恳、礼貌。

后记

《时尚化妆设计》一书自开写以来，就得到了诸多朋友、专家和学者的关心和支持。当我修改完最后一字搁笔深思时，亲人、恩人的身影浮现于眼前。我好想对他们诉说写作时的艰辛，也好想与他们分享写作后的轻松。

对时尚化妆设计的关注由来已久。一是基于自己的功之所在，因为化妆设计隶属于大美术的范畴，两者密不可分；二是出于自己的兴之所至，从小就爱摆弄花花草草的我，对美的事物总有一种割不断的情缘，既然是“剪不断，理还乱”，那就索性投身其中，让自己成为局中人，成为一个创造美和传播美的师者。在20多年的教学生涯中，亲历了一拨拨学生在自己的讲授下，对他们未来的人生由懵懂走向自信的过程，那份欣慰真的无法言表。特别是学生上过“化妆造型”这门课之后，跑来拉着我的手，对我说“老师，这门课太有作用了。以后我到社会后，就知道怎么分场合打扮自己了”时，我的心中总会涌起一股热浪。不是学生的赞美让我发热，而是感到自己多年的努力得到了回报。

记得2002年自己接手“化妆造型”这门课时，是因为当时学校里没有老师愿意上这门课，我又刚从天津美术学院研究生毕业分配到艺术学院工作，而学生要求开设这门课的呼声很高，因此领导希望我能接手这门课。说干就干，暑假里我冒着40℃的酷暑，来回奔波于家里和化妆培训学校之间，硬是把所有的技法都啃了一遍，加上自己本身的绘画和设计功底，两个月的辛劳没有白费。在随后的教学中，我又游学日本、韩国、法国、德国、意大利、荷兰、比利时、奥地利、卢森堡、摩纳哥、捷克、匈牙利、瑞士、挪威、丹麦、瑞典等国家，耳濡目染了各国的化妆技法、时尚信息、艺术特征等诸方面，这对自己的成长具有无可比拟的作用。尤其是日韩的化妆技法，真的具有“大变活人”的神奇。在此，我想说的是，我们不能盲目依赖化妆，但我们也不能排斥化妆。21世纪的今天，化妆已成为有效体现自己涵养的交际手段之一。每一个人都应该掌握化妆技巧，并对自古以来的化妆文化进行重新梳理和认识，让这一古老的妆饰文化在21世纪重新焕发出生机和活力。

在我奔波忙碌的这20多年中，我的母亲始终不离不弃地支持着我，给予我最大的帮助和鼓励。所以，要说感谢的话，我第一个要感谢的就是我的母亲，是她无私的爱给了我无尽的勇气和力量；爱人黄焕利忙碌中点滴的支持犹如雪中送炭，他是我的另一半依靠；女儿黄韵澄甜蜜的笑容和亲切的呼唤，是消除我疲惫和劳累的最好慰藉。当然，还有我的服饰文化学导师天津美术学院教授、原天津师范大学艺术与设计学院院长、著名服饰专家华梅女士对我的指导与帮助，帮我开启了另一扇艺术之门——服饰之门；还有那些默默帮助我的师长们、朋友们、学生们，因为你们，所以感动常在。或许是感动给了我无限的力量，我的心中、脑海常常萦绕着许多新鲜的想法，总想倾注于笔端与天下人分享。此书交稿出版后，我又会奔向另一个起点。

书中部分图片取自*FASHION NEWS*、*GAP COLLECTIONS*、*CLASSY*、*CanCam*，在此特别表示感谢！因时间关系，有部分图片的作者未及时联系上，请有关作者看到此书后，速与我联系，我将按规定支付稿酬。我的E-mail地址为：632071213@qq.com。

2015年10月完稿于宁波三境庐画室

2023年10月再修于沪